U0171235

5G
重构未来

陆建东◎著

内容提要

被赞誉为“第四次工业革命基石”的5G如今俨然已成风口。回望通信网络的发展，可以大胆预测，正如以往3G带我们进入语音时代、4G带我们进入互联网时代一样，5G必然会带我们进入“万物互联”的新纪元。

本书对5G核心技术、结构基础、全球格局等进行了系统的介绍，并从未来5G有可能带来的社会改变、机遇与挑战入手，立足行业、组织与国家三大层面，具体地梳理了这一新通信技术的发展有可能引发的变化。对于5G技术及其带来的一切，本书提供了可供读者参考与设想的新方向。

图书在版编目(CIP)数据

5G重构未来 / 陆建东著. — 北京：北京大学出版社，2020.6
ISBN 978-7-301-16843-1

Ⅰ. ①5… Ⅱ. ①陆… Ⅲ. ①无线电通信 – 移动通信 – 通信技术 Ⅳ. ①TN929.5

中国版本图书馆CIP数据核字(2020)第062705号

书　　名　5G重构未来
　　　　　5G CHONGGOU WEILAI
著作责任者　陆建东　著
责任编辑　张云静　吴秀川
标准书号　ISBN 978-7-301-16843-1
出版发行　北京大学出版社
地　　址　北京市海淀区成府路205号　100871
网　　址　http://www.pup.cn　　新浪微博：@北京大学出版社
电子信箱　pup7@pup.cn
电　　话　邮购部 010-62752015　发行部 010-62750672　编辑部 010-62570390
印 刷 者　三河市博文印刷有限公司
经 销 者　新华书店
　　　　　880毫米×1230毫米　A5　7.5印张　186千字
　　　　　2020年6月第1版　2020年6月第1次印刷
印　　数　1—6000册
定　　价　49.00元

前言 PREFACE

在了解5G之前，我们有必要先澄清一个概念：G，即Generation，中文解释为“一代、一辈”的意思。简言之，5G是第五代移动无线通信技术。有关5G，普通人了解最多的一点就是，它比4G网速更快，反应速度也更快。但是，5G的优势是否仅限于此呢？答案自然是否定的。这一点我们从历代通信技术的变革中便可窥见一斑。

1G是模拟通信技术，解决了语音传输问题。

2G是数字通信技术，解决了文字传输问题。

3G使移动通信变成了互联网的载体和基础设施，人类开始进入移动互联网时代，电子商务和各种新经济模式层出不穷。

4G使移动通信的传输速率大大提高，视频化时代开启，整个经济形态和个体交流方式都被彻底改变。

而5G的终极形态到底如何，业内专家虽然观点各异，但他们都对一点持肯定态度，即5G代表了万物互联，人们开始全面进入数字化时代。

这与5G技术的卓越表现有关：5G打破了“人与人”“人与物”“物与物”之间原有的互联互通界限。所有的“人”与“物”都将存在于一个完善的数字生态系统中，而爆发式增长的数据信息会通过传感器接入数据库。

随着通信技术的成熟与落地，工业、医疗、娱乐、城市治理等方面都将被新技术颠覆，产业价值链将被重组，其背后是高达万亿级的市场红利，更是谁将引领第四次工业革命的历史性问题。毫无疑问，这是一场史诗级的技术盛宴，在互联网、大数据、AI 技术的加持下，5G 技术所涉及的规模与影响力将远超之前所有的通信技术革命。

对于普通人而言，5G 意味着更快的网速、更好的网络视听体验，因此万众瞩目。

对于企业而言，5G 是一片待开垦的利润空间，是另一个风口。因此，华为、高通、中兴、爱立信、英特尔、诺基亚……都在持续加大相关研发的投入力度，以期能凭深耕发力，成为5G时代的行业主导者。

对于国家而言，5G 是国家腾飞的基础设施和经济增长新引擎，更是科技革命和产业变革的重要驱动力，直接决定了未来 50 年的国际地位与核心利益。所以美国才会说“5G 是一场新的军备竞赛”，中国政府才会反复强调“必须把 5G 做大做强”，韩国政府才会不顾一切地想要达成“5G 全球第一”的目标。

紧跟 4G 而来的 IT 时代巨变还历历在目，在明知 5G 必然会开启一个新纪元的情况下，谁不想占领这一技术高地，坐上通信业的“铁王座”呢？！因此，这才有了我们即将看到的国家意志之争、企业全球逐鹿。

在这场史诗级巨变中，我们最应该感到庆幸的是，中国政府与中国企业的高瞻远瞩：从 1G 空白、2G 跟随、3G 突破、4G 同步，到5G 全面实现“弯道超车”，中国正在谋求成为5G 技术的“领跑者”。

在 5G 技术标准尚未确定的当下，我们无法预料 5G 最终会呈现一种怎样的形态。过去，从 3G 过渡到 4G，中国大约用了 6 年时间，鉴于 5G 万物互联技术的空前复杂性，从 4G 过渡到 5G 显然是一项更为漫长的系统工程。但回望 3G、4G 带来的深刻变化，我们有理由相信，5G 必将向我们展示一个全新的、智能的万物互联新世界。

目录 CONTENTS

每一次通信技术变革，都是一场大国与大国、巨头与巨头之间的逐鹿。而从 2G 到 4G 的每一个过往都在告诉我们，谁在科技的变革中占据优势，谁便能拥有行业主导权。于是，在呼啸而至的 5G 变革中，各大巨头早已蓄势待发、磨砺以须。

第二章

回溯：当我们说 5G 时，我们究竟在说什么 //31

5G 风口到来之前，人们便早已形成了建立于移动通信之上的现代化生活习惯。从 1G 到 5G，不过几十年时间，但回溯这段过往，却可以帮助我们窥见 5G 产生的必然趋势，更能使我们知晓，在各个时期，因人们的需求而产生的新技术有何特点。

第三章

用户：从 5G 开始，变身“头号玩家” //65

2018 年的电影《头号玩家》所展示的场景中，人类除吃、喝、拉、撒、睡这一类的生理需求外，上学、上班、恋爱、举行婚礼……这些事情都可以通过虚拟场景来体验，而且与现实世界几乎无差别。于是有专家指出，电影《头号玩家》正是 5G 竭力营造的未来。

第四章

愿景：5G 应用，开启大连接新时代 //93

5G 被大范围应用的尝试刚刚开始，它引发的改革远比 3G、4G 更彻底。仅从物联网对社会生产力的推动来看，5G 产生的效果与 3G、4G 时代根本不是同一个量级。可以这样说，从 5G 全面部署开始，人类时刻准备着推开大连接时代的大门。

第五章

挑战：制造商的至暗时刻 //129

5G 的实现需要广泛的技术变革和持续创新作支撑，需要制造商站在创新的前沿，确保 5G 网络的质量与可靠性。一个具有代表性的案例就是，AOI 技术可以实现更快、更精准的 PCB 检验和验证，满足未来高频、低信号延迟的 5G 系统所需要的技术要求。

展望：未来，5G 将做出多大经济贡献 //209

5G 大规模的生态运行离不开政府的宏观推动和调控。在全球范围内，由于市场前景巨大，美国、中国、德国、韩国等国家皆已加入 5G 开发的队伍。未来围绕 5G 展开的国家战略、产业布局将逐渐清晰。

第一章

CHAPTER 1

抢滩：5G 风口，谁能率先占据市场高地

每一次通信技术变革，都是一场大国与大国、巨头与巨头之间的逐鹿。而从 2G 到 4G 的每一个过往都在告诉我们，谁在科技的变革中占据优势，谁便能拥有行业主导权。于是，在呼啸而至的 5G 变革中，各大巨头早已蓄势待发、磨砺以须。

1 高通：5G 行业奠基者

2019 年 2 月，美国高通中国区董事长孟樸在接受采访时直言："2019 年几乎所有的 5G 移动终端都将觊觎高通方案。" 孟先生之所以能发表如此豪言，皆因高通在通信领域无可动摇的巨头地位。

从 2G 到 4G，全通信业向高通俯首

从 2G 时代开始，高通就已经通过通信深耕、专利申请，成为通信行业的全球霸主。

2G 时，垄断 CDMA

我们之前说过，在 2G 时代，全球有两大通信标准，分别是高通的 CDMA 和欧洲的 GSM。CDMA 技术其实是由美国知名的专利授权企业 InterDigital 研发的，高通只是从 InterDigital 手中购买了这项技术，并且对它进行了升级，成功解决了功率控制等关键性技术问题。

遗憾的是，当时业界并不看好 CDMA 的发展，高通其实是"逆风而行者"。在对该项技术进行持续几年的研发后，高通因为没有竞争者而完全垄断了 CDMA 的专利。

3G 时，推行"高通税"

到了 3G 时代，全球通信技术发展为三类标准，如图 1–1 所示。

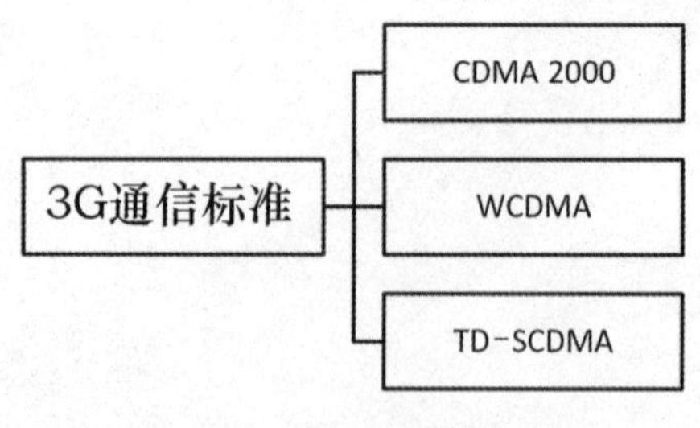

图 1–1 3G 通信标准

其中，CDMA 2000 是高通推动的 3G 标准。虽然后两者都有自己的独立标准，但它们都是以 CDMA 为核心技术研发出来的 —— 由 CDMA 而生，是它们与生俱来的特点。如此一来，高通在 3G 技术上便拥有了极大的话语权，只要使用 3G 技术，便无法绕开高通的专利。由此，高通也一跃成为全球通信霸主，“高通税”成功在全球范围内推行。

4G 时，获得移动话语权

进入 4G 时代后，中国与欧洲都希望摆脱高通的垄断，因此联手推动了 LTE 标准。该标准放弃了 CDMA 技术，改以 SC-FDMA 和 OFDM 为核心技术。

在这一阶段，美国另一家科技巨头英特尔以 Wi-Fi 技术为基础，推出了 WIMAX 标准。

高通则为了延长其 CDMA 技术在 4G 时代的寿命，推出了 UMB 标准。遗憾的是，因为 UMB 本身存在严重的技术缺陷，所以高通只得忍痛放弃。

英特尔的 WIMAX 标准后来被 LTE 标准的分支 TD-LTE 击败，LTE 最终成为 4G 技术的唯一标准。

此时来看，高通好像在整个 4G 时代都落于人后了，但事实上，它通过收购早就研发了 OFDM 技术的 Flyrion 公司，而在 LTE 标准中获得了移动的话语权。

5G 时代，高通初次大捷

在 5G 标准上，中、美及欧洲国家都意识到，通信领域采用全球统一标准是最有利于日后各自发展的，因此决定合作制定统一的 5G 标准。这一阶段，华为与高通爆发了编码之争，最终华为主推的 Polar 码方案拿下了 eMBB 场景中控制信道的编码方案，而高通主推的 LDPC 码则拿下了其他的编码方案。

在这场新的通信竞争中，高通依然凭借技术优势遥遥领先，而这也决定了未来在 5G 标准的确定中，高通将拥有极大的话语权。

强大如华为，依然要向前辈缴纳“高通税”

从上述高通所拥有的专利优势可知，高通在整个通信技术发展史上是无法超越的存在。特别是其在 2G、3G、4G 上所拥有的庞大专利数量，决定了它在未来很长一段时间内都将继续“坐收”利润。

这与全球运营商的网络布局相关：在未来很长一段时间里，运营商的网络依然要同时存在 2G、3G、4G 网络，这就要求通信设备企业、手机芯片企业和手机企业都要同时支持这些时代的标准，这就是我们所熟悉的“全网通”方案。

就连高通最强大的对手华为所生产的通信设备、芯片和手机也需要同时支持2G、3G、4G网络，因此也不得不向高通支付专利费用。只不过，华为凭借自己在 4G 时代积累的专利优势，可以通过“交叉授权”的方式，降低自己向高通缴纳的 4G 相关技术专利费。但是，在 2G、3G 标准上，华为没有任何技术优势。因此，这两个时代的专利“高通税”是华为想省也省不了的。而这一问题是包括三星、诺基亚、中兴在内的所有通信设备供应商都会遇到的。

在即将到来的 5G 时代，这一“缴税”事实依然无法改变。虽然未来 2G、3G 会逐渐退出历史舞台，4G 用户存量也将下降，但高通在 5G 核心技术上也占据了绝对优势。因此，即使到 5G 被大规模商用的时候，包括华为、三星在内的诸多企业依然需要向高通“纳税”。

傲慢俯视，高通决定不建基站

有不少业内人士认为，高通在 5G 时代并不占据优势，甚至有可能被华为赶超，这种观点其实也有一定道理。

大家之所以会有这种推论，是因为高通在 5G 时代所扮演的角色不同：高通是“手机芯片供应商”，而华为是“通信制造商”，同时从事通信设备、芯片、手机等多项业务。

高通并非技术欠缺，之所以不像华为一样建造通信基站，主要出于以下 4 个原因。

（1）技术研发是高通的专业，而设备制造并不是其专长。

（2）高通早已通过专利实现了通信行业内的“大小通吃”，收入长期稳定，不必非要扩展到一个自己不熟悉的领域。

（3）高通长久以来都是以研发为主的，其利润主要来自专利授权与手机基带芯片的销售，轻资产、轻人员。但建造基站的情况正好相反，不仅重人员且重资产，经营稍有不慎，便可能成为公司的拖累。

（4）在通信领域，高通属于上游，没有必要“向下学习”，因为它本身就是标杆与利润走向。

有关第四点，我们可以理解成高通的骄傲，但这种骄傲更近似于长久处于“胜者”地位而产生的傲慢。高通站在了整个通信产业链的顶端，很多制造商是以“羡慕”和“讨厌”的态度与高通接触的——当一个企业坐拥超过 13 万项专利、站在技术顶端且具有绝对的定价能力，以至于他人不得不长久仰望时，其傲慢态度的产生也变得理所当然了。

但是，眼下 5G 商业化已全面开启，新的利润分配机会即将到来。华为枕戈待旦，爱立信厉兵秣马，三星奋起直追，芯片市场正在被对手“蚕食”，整个通信行业风云变幻，我们不得不怀疑：高通的这种傲慢姿态还能持续多久？

2 5G 争夺战，爱立信的冠军宝座能坐多久

组网过于复杂，建网成本太高，覆盖与容量无法兼容，这些都是 5G

部署过程中面临的挑战，也是全行业正在不断探索、努力攻克的难题。

2019 年 6 月 27 日，爱立信发布了三款 5G 产品，如图 1-2 所示。

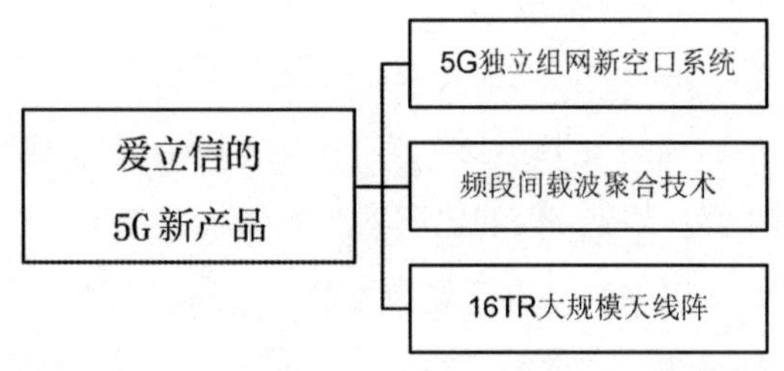

图 1-2　2019 年 6 月 27 日，爱立信发布的 5G 新产品

这三款新品与以往爱立信发布的 5G 技术组合在一起，就如同一位武林高手打出了一套 5G 组合拳，一出招便将 5G 部署难题化难为易、化繁为简。

一套硬件拳：既支持 NSA，也支持 SA

5G 部署可以分为两类：早期的“非独立组网”和最终的“独立组网”。

爱立信发布的 5G 独立组网新空口系统，可以在现有的爱立信无线系统硬件的基础上，通过软件升级支持 5G 独立组网。也就是说，基站硬件不变，只需要升级软件便可以既支持独立组网，也可以支持非独立组网。

有了爱立信的 5G 独立组网新空口系统，运营商可以更简单、更高效、更低成本地升级、推进 5G 网络。非独立组网可以帮助运营商搞好原有的 4G 网络，独立组网将 5G 基站直接接入 5G 核心网。后者不仅具有低时延优势，还支持各行各业多样化的 5G 应用，为运营商带来新的业务收入。

动态频谱共享拳：快速实现 5G 广覆盖

动态频谱共享是爱立信独创的一大 5G 技术，它基于特有的智能调度算法，可在现有 4G 载波中快速引入 5G，还可以根据流量需求让 4G 和 5G 用户动态使用相同的频谱资源。

4G LTE 低频段是通信领域的黄金频段，具备覆盖优势。若将这些低频段重新开发，供 5G 使用，那么 5G 广覆盖的问题便能得到解决。可是，在 5G 开发与使用前景尚未完全明朗的情况下，未来 4G 将在很长一段时间内与 5G 并存。在这一大前提下，将 4G 频段全部给 5G 用便显得不现实了。

现在有了爱立信的动态频谱共享技术，4G 和 5G 能够充分共享 4G 宝贵的低频资源，不仅有利于实现 5G 的广覆盖，还有利于 4G 向 5G 平滑演进。5G 早期，存在大量 4G 用户，且会占用共享频谱资源；随着 4G 转 5G 用户数的不断增多，5G 占用的共享频谱资源也会越来越多。这样一来，既可以在最大限度上减少频谱浪费，充分利用现有资源，又可以保护 5G 投资。

动态频谱共享 + 频段间载波聚合：进一步提升 5G 容量与覆盖

5G 引入了更高的新频段，根据无线传播特性，在频段更高、带宽更大、网速更高的情况下，信号覆盖范围会更小。简言之，容量与覆盖无法兼得。

爱立信动态频谱共享和载波聚合技术可谓恰到好处地解决了 5G 时代覆盖与容量之间的矛盾。

频段间载波聚合技术，即用不同频段（如低、中、高频段）的载波聚合，来提升 5G 小区的容量。这是一项面向 5G 独立组网的关键技术，它不仅能大幅提升网络速率，还适用于未来低时延 5G 新业务。它与动态频谱共享技术组合，可以通过动态频谱共享技术让5G共享原来的4G频段，再与5G中频段载波聚合，这不仅可以提升容量，还可以进一步扩展5G信号的覆盖范围。这些技术如同齿轮一般，在组合后将发挥出“1+1 ＞ 2”的功效。

新增16TR大规模天线阵：满足5G多场景部署

我们之前已经提及，大规模MIMO天线技术几乎与5G技术呈捆绑姿态。大规模MIMO的天线越多，容量越大，覆盖越广，其成本也就越高。

事实上，并非所有场景都需要大规模天线，对于一些容量不大的场景，则没有必要全部使用成本高昂的高阶天线（如64个紧凑天线，以下简称64天线），或许16天线就已够用。在一些农村、郊区等低容量场景中，或许8天线、4天线就能满足需要。

因此，为了帮助运营商更灵活、更低成本、更高效地部署5G网络，爱立信在现有4、8、32、64TR天线阵产品组合的基础上，推出了16TR的大规模天线产品：AIR 1636和AIR 1623。这两款天线产品不仅覆盖更广，且体积更小，功率更低。它们可用于那些承重有限的站点，进一步丰富运营商的5G部署选项。

迅速全面推进，保住5G领域头部优势

上述技术层面上的内容，只是爱立信5G技术积累的冰山一角。

此前，作为5G核心专利的领导者之一，爱立信与全球30家运营商、多所大学和行业合作伙伴签署了5G合作备忘录，并开展了深入合作，在3GPP的5G核心专利贡献中也拥有较大占比。

在过去几年内，爱立信在5G领域迅速推进，主要动作包括：

2015年3月，爱立信宣布启动“瑞典5G”研究项目，与多个重要行业伙伴、重点大学及研究机构展开合作，共同引领数字化发展；

2016 年 8 月，爱立信携手中国移动进行了全球首次 5G 无人机现场测试，且在中国准备 5G 的过程中做了大量投入，每年在中国投入超过 30 亿元人民币的研发费；

2016 年 9 月 1 日，爱立信开始大力推进其全球首创的大规模 MIMO 5G NR 基站的商用进程；

2017 年 5 月，爱立信与 Celcom Axiata Berhad 在马来西亚进行了第一次 5G 测试。同月，与 Batelco 合作，在巴林进行了第一次 5G 试验，旨在推动使用下一代移动网络技术的物联网应用创新；

2018 年 2 月，爱立信、韩国电信、英特尔公司联合在首尔开展了一项 5G 自动驾驶试验，使人们进一步了解了 5G 将如何改变汽车的未来。

……

多年深耕后，爱立信终于斩获全球通信龙头的宝座。全球性的信息公司 HIS Markit 的 2018 年调查数据显示，在当年的全球移动通信设备市场份额中，爱立信处于领先地位，其次是华为与诺基亚。此外，在 5G 市场中，虽然华为已经签订了超过 30 份的商用合同，但爱立信在 5G 市场中所占的份额仍居于第一。

面对汹涌而来的 5G 浪潮，虽然我们无法预测爱立信的冠军头衔能戴多久，但凭借自身在该领域的积累与拓展，未来，爱立信必然会继续展示超出外界预期与想象的动作。

3 华为，谈 5G 便绕不开的巨头

华为由三十几年前的一家寂寂无闻的深圳小民企，如今摇身变成了白宫口中足以“影响国家安全”的神秘巨企，在很大程度上，是因为其独树一帜的产业布局，以及其在电信设备方面的技术优势。

被美国列入贸易“黑名单”，各国皆忌惮华为

华为作为业务遍布全球的电信业“帝国”，主要由运营商业务、企业业务及消费者业务三大板块组成，如图 1–3 所示。

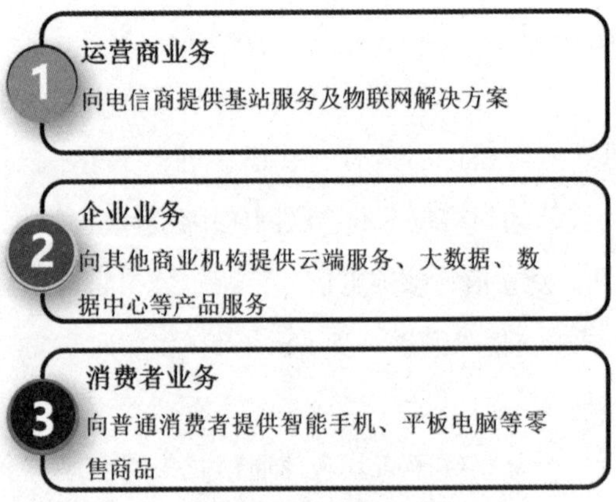

图 1–3　华为三大业务板块

换言之，从电信基站处理信号，到随处可见的智能手机，几乎都离不开华为。

若华为的业务开展范围仅限于中国境内，那么纵然其生意规模如何庞大，也不会触及美国政府的神经。可是，倡导“狼性文化”的华为，其商业网络早已遍及全球，在电信设备、智能手机等领域，更是时有拔得头筹的表现。因此，华为在被中国企业界奉为“走出去”样板的同时，也令欧美各国大为猜忌。

2019 年 5 月 15 日，美国总统特朗普签署行政命令，要求美国进入紧急状态。在此紧急状态下，美国企业不得使用对国家安全构成威胁的企业所产生的电信设备。当日，美国商务部宣布，将华为及其子公司列入出口管制的“实体名单”，如表 1–1 所示。

表 1-1　美国实体清单监管内容

监管机构	美国商务部工业安全局
适用对象	被认定为有极大可能危害美国安全或影响美国海外利益的实体
管控措施	出口商在未得到许可证时，不得帮助相关实体获取受条例管辖的任何物项

在美国作出此决定后，华为的技术与产品在英国、德国、澳大利亚、加拿大等多国遭到“拒绝”。为何华为的产品，特别是 5G 设备会受到如此多的禁令？其实，除政治方面的原因外，华为在 5G 方面的特别表现也是各国忌惮的关键原因。

拥有三成专利权，抢攻 5G 技术高峰

2018 年 11 月 21 日，在全球移动宽带论坛上，英国电信面对爱立信、诺基亚、三星和中兴并不落俗的表现，表达了自己的看法：“眼下只有一家真正的 5G 供应商，那就是华为。”

图 1-4 是综合性的通信设备供应商华为在 5G 方面的布局，其一直处于全球领先地位。华为的 5G 产业链布局不仅涉及 5G 相关产品与技术，更包含产业链上游的基站系统和网络架构，以及中游的主要设备及通信服务。此外，华为还提供下游终端设备，并且为不同应用场景提供系统集成和行业解决方案。

据德国专利数据公司 IPlytics 报告，截至 2020 年 1 月，全球 5G 专利声明达到 95526 项，申报的 5G 专利族 21571 个。其中，中国企业声明的 5G 专利占 32.97%—— 仅华为一公司，便声明了 3147 个专利。

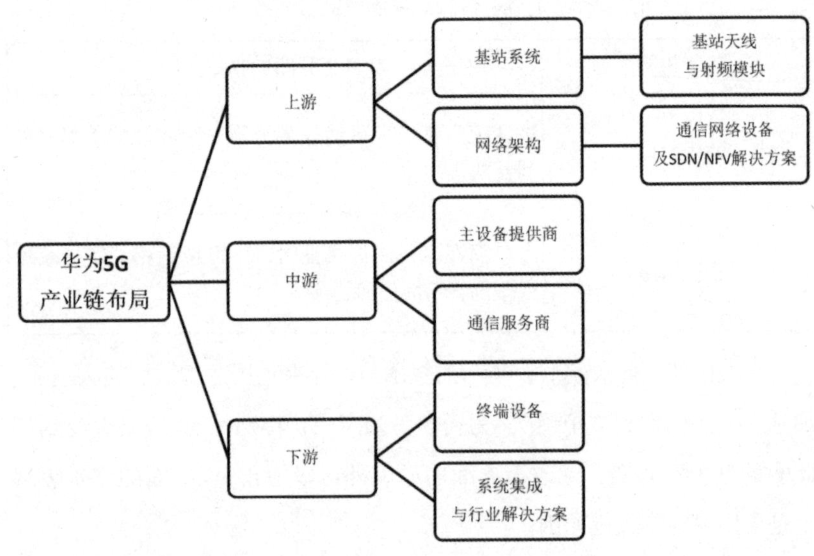

图 1-4　华为 5G 产业链布局

多元化场景布局，强化“唯一供应商”角色

虽然对于普通用户来说，5G 带给他们的最直观感受是网速提升，但是网速绝非 5G 商用的全部。随着商用进程的深化，5G 技术将持续推进物联网、云计算、大数据与 AI 相关领域的裂变式发展，并赋能于深度融合垂直行业，形成围绕 5G 的大生态圈。当前，华为的目标就是成为可以全方位参与生态圈的最强大供应商。

以物联网领域为例，中国发放 5G 牌照，等于宣告了中国正式进入基于 5G 的物联网时代。而华为先后布局了 IOT、云计算、人工智能、大数据等 5G 物联网的几乎所有关键节点，5G 商用的进一步发展，也将同时提升华为在各个节点的发展速度。

未来除了传统通信产业链中的元器件制造商、通信设备商、运营商、终端厂商等参与者外，还会增加跨行业硬件设备运营商这一新兴角色。

华为的多元化场景布局，也让其具备了跨行业硬件设备运营商的特性。比如，在汽车行业，华为并非亲自下厂造车，而是选择成为面向智能网联汽车的增量部件供应商；在智慧城市领域，华为将 5G 等基础信息设施视作智慧城市生态成长的底座。

华为方面也曾多次表态，自身将持续大力探索 5G 新应用，立足于多路径、多梯次、多场景，在电力、制造、交通、渔业等多个领域，联合全球近 300 家合作伙伴，基于实际作业场景部署 5G 创新方案，如图 1–5 所示。

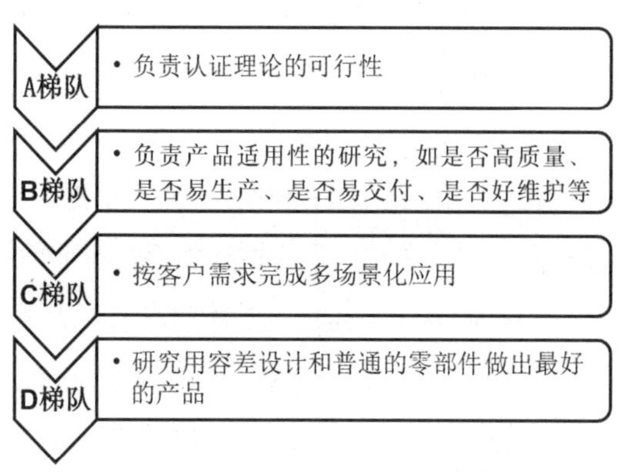

图 1–5　华为四梯队奠定 5G 胜利的基础

反超苹果，华为成为 5G 不可缺少的角色

除自身在通信领域的优势外，华为在 5G 时代还有一个极大的优势，即在智能手机市场上的龙头地位。

对比同行的诺基亚、爱立信先后在手机市场铩羽而归，华为表现卓越：仅在 2019 年全年，华为智能手机出货量便达到 2.385 亿部，占全球手机市场 16% 的份额，位列全球第二位（第一位为三星，出货量为 2.965 亿部）。

之所以说华为表现优越，是因为从2019年开始，全球智能手机市场日趋饱和，导致销量比2018年萎缩了2%。这是自2008年以来全球智能手机市场首次出现下滑，包括苹果、三星在内，大部分手机厂商销量都在逐年下降，但华为却是排名晋升者（2018年时，华为销量排名次于三星与苹果）。

如今，5G技术落地已呈必然之势，全球最具权威的高德纳咨询公司认为，新技术会催生用户对5G手机的强大需求，预计在2020年，5G手机的总销量将达到2.21亿部，占手机总销量的12%；2021年5G手机的总销量将翻一番以上，达到4.89亿部。

因通信技术升级而带来的蛋糕摆在眼前，华为自然不会放过这一销量增长的机会。在2019年，华为已推出5G手机，并在不断研发新款，与苹果“2020年推出5G手机”的目标相比，其行动更加迅速。

先入局者拥有占位权，未来，华为在智能手机行业的地位必然会更强，这也意味着，其在5G标准制定的过程中将享有更大话语权。而且，与其他“各自为政”的厂商相比，华为一手包揽5G设备、晶片及手机等各个环节。因此，其更容易解决产品的兼容性问题，这也为华为抢闸进攻5G市场提供了强大的优势。

如今，华为已尝到5G红利，它不仅与国内三大电信营运商携手合作，还先后与俄罗斯、日本、德国、英国等地的电信营运商结盟，联合推动5G发展。截至2020年2月21日，全球已有34个国家的62个运营商正式宣布5G商用，而华为支持了其中的41家，占三分之二。

虽然眼下多个国家因与美国是同盟关系，对华为参与5G项目的审查日趋严格，但华为已获得91个商用合同，其中47个在欧洲这一美国传统盟友的地盘上，27个在亚洲，其他地区17个，规模为全球首位，并已出货超过1万个5G基站设备。2019年，华为总营业收入额超过

8500亿元，而丰厚的利润也会成为未来华为持续深耕5G领域的最大资本。

华为独力包揽通信设备和智能手机两大业务，意味着华为公司几乎能一手掌握 5G 时代带来的信息流量，因而引发了美国等国家的忌惮。但纵观华为目前在业内难以匹敌的规模，以及贯穿上下游的产业布局，要遏制其于 5G 行业的崛起已几乎不可能。我们甚至可以如此断言：若强行排除华为参与 5G，那么整个 5G 时代可能都会因此而延迟到来。华为已成为 5G 领域无法避开的巨头。

4　三星的“赶超华为梦”

2019 年 6 月，美国著名调研机构戴尔·奥罗的一份报告显示，在全球 5G 无线接入设备市场上，三星首次以 37% 的额度超越了华为（华为为 28%），成为全球第一。仅在一年前，三星的份额不过为 6.6%，可谓增长飞速。

全球范围内，三星皆在积极部署

仅一年时间，三星的市场份额从 6.6% 上升到 37%，从表面来看，是短时间内实现的快速增长，但背后是三星不容置疑的实力。在推动 5G 发展的进程中，身为韩国唯一入局 5G 全球化竞争的企业，三星可谓不遗余力。

作为韩国本土企业，从 2018 年开始，三星网络部门便开始在包括首尔在内的韩国各大都市部署 5G 基站无线电，以及 5G 核心解决方案。韩国运营商使用的皆是三星提供的 5G Massive MIMOUnit（MMU）无线基站，这是业内一种占地面积最小、质量最轻的技术，只需要进行少量改动，便可以轻松地安装在现有的 4G 蜂窝站点上。

MMU 技术在韩国的推广，不仅为运营商节省了大量的部署成本，还使韩国得以成为全球首个拥有 5G 网络的国家。依托这种技术，在 2018 年 12 月 1 日正式推出 5G 网络后，韩国运营商便在在短短几个月内部署了由数万个无线电组成的 5G 网络，并成功在当地时间 2019 年 4 月 3 日晚 11 时正式推出 5G 商用服务。

其实身为出色的通信设备生产商，三星早已将目光从韩国本土投向了世界。2018 年 10 月，三星 5G 与美国运营商 Verizon 合作，在美国 4 个城市实现了 5G 商用，三星提供了全套 5G 网络和固定终端接入产品。目前在美国，三星和运营商 Verizon 已经联合推出了“5G 家庭”业务。毫米波基站可以覆盖一整个家庭别墅，实现了无线接入替换光纤入户，所有家庭智能设备均可以连接 5G 网络，实现 5G 智能生活。

同时，三星正在与运营商 AT&T 合作，其预计推出的 5G 创新区将会提供 5G 医疗、5G 工业 IoT、5G MR（AR&VR）、5G 零售、5G 制造等多个创新体验业务。

而在中国，为了争取到更多的5G市场份额，三星还与中国移动合作，加快了 5G 商用测试的进程，并率先推出了“5G 终端先行者”计划。在一定时间段内，消费者有机会将自己的手机以 0 元的价格升级到最新的 5G 版，三星迈出了 5G 惠普大众的第一步。

多年深耕，终成 5G 头部企业

我们可以从三星研发 5G 的过程中体会到三星为之付出的心血。

早在 2013 年 5 月，三星便已研发出用于蜂窝通信的毫米波 Ka 波段（26.5–40GHz）的自适应阵列收发器技术。这是 5G 移动通信的一种核心技术，其峰值下的数据传输速度要比当时的 4G LTE 网络快数百倍。

随后，三星继续深入探索 5G，并于 2014 年 10 月宣布，在固定场景下，其 5G 传输速度达到了 7.5Gbps，比 4G LTE 快 30 倍以上；同时，在

100km/h 高速行驶的汽车移动场景中，三星的 5G 网络做到了始终保持连接且传输速度高达 1.2Gbps。

在 MWC 2018 大会上，三星推出了全球首个端到端 5G FWA 商用解决方案，并展示了 5G 网络在家庭、交通、环境等场景中的应用。同时，三星的 5G 毫米波设备也成为全球首个通过了美国联邦通信委员会（FCC）批准的 5G 毫米波产品，其在 5G 技术发展史中的重要意义不言而喻。

高瞻远瞩，立下“5G 第三”大志向

在市场份额上取得了佳绩，同时全面推进全球部署，三星显然已是国际电信领域不可忽视的存在，不过三星并不满足于此。三星在 2018 年时已经公布了自己的 5G 目标：到 2021 年，三星要在全球 5G 市场中获得 20% 以上的份额，并在今后 5 年的时间里成为此类设备的三大供应商之一。

简言之，三星未来不仅要全面进军 5G，同时也要成为继华为、爱立信之后的全球第三大 5G 设备厂商，进而与华为、爱立信、诺基亚这些设备商争夺市场。

三星的确有实力达成这样一个看似遥不可及的目标。多年深耕后，三星如今已凭借自身在芯片、核心网络、终端设备及无线解决方案等领域的优势，成为全球为数不多的可提供 5G 端到端解决方案的公司。更重要的是，三星的 5G 计划绝不仅限于手机行业，还涉足重工业、汽车、智能手机及消费电子等诸多的领域，例如：

三星正在研发 360° 便携式摄像头与 VR 技术的组合，以布局未来必然会出现的“视频社交”；

三星将 5G 手机与其专用于办公的应用程序 DeX 结合，使用户可以

随时接入办公系统；

2018 年 8 月，三星拨出约 220 亿美元用于人工智能与自动驾驶等领域的投资，以求在智能手机与芯片以外的领域寻得更佳的 5G 切入点。

业内人士认为，5G 其实是一次“不连续的创新”，无线基础设施生态系统正变得更加复杂化。而“不连续的创新”在一定程度上也意味着“不连续的市场份额”。很显然，在通信领域扎根多年后，凭借自身独特的端到端的优势，三星在“不连续”趋势下已拥有更大潜力。

5 诺基亚：错过了 4G 时代，能否重掌 5G 时代

身为 3G 时代的巨头，诺基亚恐怕从未料想到，自己在 4G 时代会沦为“卖情怀”之流的代表品牌。

错选手机系统，诺基亚失意于手机市场

诺基亚曾经是手机市场当之无愧的王者，自 1997 年首次击败摩托罗拉登上全球手机龙头宝座后，该品牌连续 14 年蝉联世界范围内的手机销量冠军。在 2000 年最辉煌的时期，其市值近 2500 亿美元，仅次于麦当劳与可口可乐。

这样灿烂的日子并没有持续多久。2007 年，苹果公司推出了具有划时代意义的 iPhone，再加上以三星为代表的安卓阵营的夹击，“死抱着”塞班系统的诺基亚的状况急转直下。2011 年 2 月，诺基亚终于接受了经营多年的塞班系统不被市场认可的事实，转而投入微软的 Windows Phone 系统。

可惜的是，诺基亚醒悟得太晚，而且选错了阵营，跳入了另一个大坑。在安卓与 iOS 系统收获了越来越多消费者的情况下，同样封闭的 Windows Phone 系统根本没有任何胜算。

手机业务上的溃败，使 2012 年一整年与诺基亚相关的信息都和“裁

员”“关闭工厂”相关。由于市场占有率逐渐降低，2013 年 9 月，诺基亚不得不将其与手机相关的重要业务出售给微软（见图 1-6），此后，“诺基亚手机”被改名为“Microsoft Lumia”。

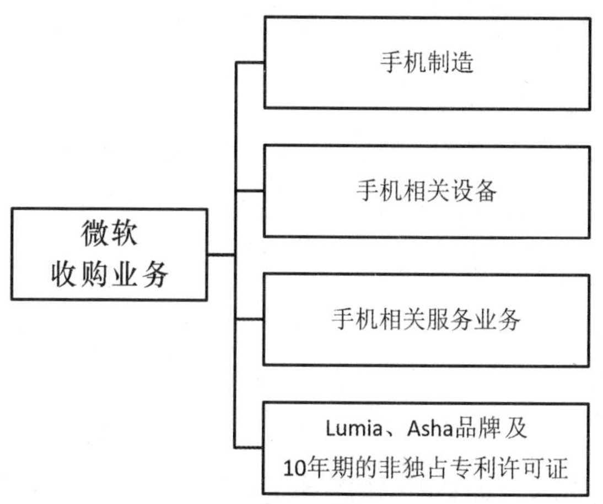

图 1-6 微软收购诺基亚相关业务

此次出售完成后，诺基亚只保留了如图 1-7 所示的业务。

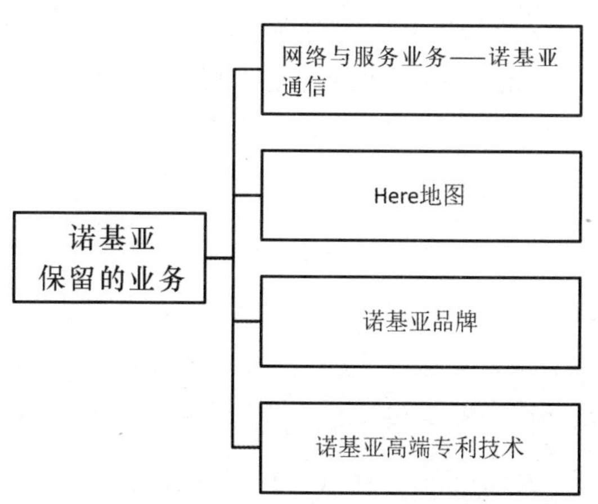

图 1-7 出售完成后诺基亚保留的业务

2016 年 5 月，微软又将诺基亚功能机业务出售给了富智康。目前市面上所销售的诺基亚手机，不管是功能机还是智能机，都仅是贴了 Nokia 的品牌而已，与诺基亚母公司已毫无关系。

一个时代的辉煌就此过去。

依靠卖专利，诺基亚脱身泥潭

虽然手机业务已溃败，但诺基亚的转型调整迅速而坚决。在将手机业务出售给微软后，诺基亚迅速着手在通信设备领域布局：通过股份收购，掌控了合资公司诺基亚西门子通信公司的大部分股份；以 166 亿美元收购了全球主流通信设备商阿尔卡特朗讯通信公司。

诺基亚的转型无疑是非常成功的。事实上，在退出手机市场、转型通信的当年诺基亚就实现了扭亏为盈。凭借手机方面的 3 万多项专利技术，2015 年，诺基亚的利润同比增长了 102%。2018 年，诺基亚更是全面超越爱立信，成为全球第二大通信设备公司，利润逐年递增。

诺基亚成功从亏损泥潭中脱身，源于自身在通信领域的深耕。在过去的 30 年里，身为通信设备制造商，诺基亚从未中断过研发投入。哪怕是在塞班系统导致诺基亚在手机市场溃败的那几年里，诺基亚集团也在全力推进研发进程。

近年来，诺基亚研发总投入超过 4000 亿元人民币，研发人员合计超过了 4 万名。技术专利的积累才是诺基亚僵而不死的根本原因。诺基亚获得的专利数量是苹果的 7 倍，是 HTC 的 8 倍，是魅族的 910 倍。其中有 33% 是 GSM 标准必要专利，25% 是 WCDMA 标准必要专利，19% 是 LTE 标准必要专利。

这一连串的数字意味着，从 2G 到 4G，诺基亚专利覆盖了今天所有的通信终端技术，只要世界上有人卖手机，诺基亚就可以挣钱。

5G 高速通信时代，诺基亚能否迎头赶上

在 5G 到来以前，诺基亚已率先嗅到了商机。在 2013 年时，其 5G 技术的全球专利布局已经开始，截至 2020 年 2 月，其全球专利数量已达 2149 件；在 2019 年移动通信基础设备供应量的统计中，诺基亚以约 23.4% 的市场份额稳居全球第三——5G 先发优势，配合基础设备占比优势，诺基亚在 5G 领域中已占据绝对主导地位。

在 5G 三大类技术领域，诺基亚优势如下：

无线电前端 / 无线接入网络

在该领域中，实力最强的是爱立信，它拥有 64 件专利。该领域的关键技术包括大规模 MIMO 和高频段通信，这是诺基亚最重视的前端技术。在该领域，其专利数量为 54 件，而华为仅有 41 件。

调制 / 波形

这是一种常见的频谱整形技术，其目标是通过滤波减少信号外带泄漏。该领域中，高通一骑绝尘，拥有 121 件专利。诺基亚的专利数量为 73 件，位居第二。

核心分组网络

这是诺基亚的绝对优势领域，其专利数量为 39 件，位居全球首位。诺基亚将 Wi-Fi、4G LTE、LPWAN 等过去各自独立运作的网络连接在一起，通过多种新技术来提升网络频宽，扩大应用范畴。

有了专利，便不愁市场。

2018 年 7 月，诺基亚和美国运营商 T-Mobile 达成一笔价值 35 亿美元的 5G 网络设备供货协议，当时，这是有关 5G 的最大一笔交易；同月，诺基亚与中国移动签署了价值 10 亿欧元的 5G 合作框架协议，接着又同中国电信达成合作—— 诺基亚商用部署正在逐步展开。

在手机界沦为“情怀”的诺基亚，在无线通信领域实现了华丽转身，

凭借着自身强劲的科技研发实力，配合周密的专利布局，诺基亚在5G领域已经拥有了强势话语权。

6 英特尔："退群"是彻底的放弃吗

2019年4月17日是5G市场发生戏剧性转折的一天。当天，苹果与高通达成和解协议，双方各自撤销了在全球范围内的法律诉讼，正式结束了长达两年多"对簿公堂"的局面。同时，双方签订了为期6年的供应协议和专利许可协议。

没过多久英特尔便对外宣布：英特尔公司决定放弃5G智能手机调制解调器业务——至此，英特尔5G梦断。

这一戏剧性转折的背后，是英特尔在调制解调器甚至在移动端业务上的多年不得志。

战略错误导致步步艰难

作为PC端的科技巨头，英特尔是不容置疑的霸主，其主营业务如图1-8所示。相比之下，英特尔在平板、手机这类移动终端产品上的业绩远远落后于苹果、华为、三星等其他行业巨头。

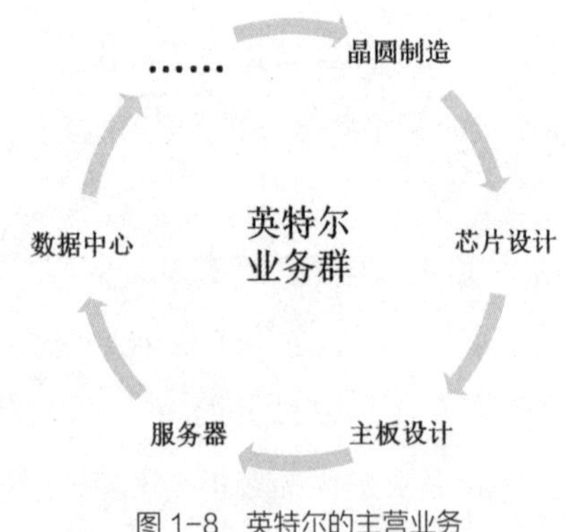

图1-8 英特尔的主营业务

造成这种巨大落差的关键在于英特尔十几年前的一次战略失误。

其实，早在 20 世纪 90 年代的 3G 时代，英特尔便已对移动端业务表现出了浓厚的兴趣，并收购了一款专用于移动端的 CPU——StrongARM（后更名为 XScale），以期未来可入局智能手机、掌上便携电脑等移动终端。要知道在 3G 时代，智能手机、便携电脑市场还未形成规模，英特尔是走在了行业前列，其前瞻性可见一斑。

但遗憾的是，因为移动端嵌入式的 CPU 研发投入过大，再加上那几年盈利情况一般，2006 年时英特尔便宣布放弃该业务。将该业务出售后，英特尔集团便全力进攻 PC 端芯片的研发。

第一部 iPhone 发布后，英特尔敏锐地发觉，自己对智能手机市场的预测出现了失误，并于 2008 年推出了基于 X86 结构的 Atom 芯片。可是因为功耗高、整合基带难度过大等原因，直到 2012 年该芯片也未被手机厂商所接受。

与此同时，高通与 ARM 凭借自身在手机芯片上的优势，早已成为这一市场上的绝对赢家。面对投入了数十亿美元却毫无胜算的未来，2016 年，英特尔宣布终止 Atom 处理器业务。

在 3G、4G 时代，有识之士都可以看出移动市场的利润空间。因此，放弃了移动芯片市场的英特尔并未就此罢手，而是转攻基带芯片。

收购英飞凌，紧追高通

在推出 Atom 芯片一年多的时间后，英特尔于 2010 年以 14 亿美元的高价收购了英飞凌的无线业务。之所以将英飞凌定为收购目标，是因为前三代 iPhone 所采用的基带芯片均来自英飞凌。通过这一收购动作，英特尔获得了两大好处：

（1）获得了竞争苹果订单的机会；

（2）继承了英飞凌与诺基亚、三星的客户关系。

但此时4G时代已经来临，高通已推出了28nm工艺的MDM 9615芯片，并因工艺先进而被iPhone 5所采用，而英特尔直到2013年才发布了自己的首款4G基带产品——40nm工艺的XMM 7160。此时的高通手握苹果、三星、小米等公司的大订单，而英特尔的4G才刚起步。

随后，哪怕英特尔推出了同样为28nm工艺的基带芯片XMM 7260，并获得了三星的部分订单，但因为一开始就落后高通太多，作为后来者的英特尔胜算并不大。

苹果与高通之争，让英特尔看到新的希望

2016年，由于不满高通的专利收费模式，同时为了降低自身对高通的依赖性，苹果在iPhone 7系列手机中同时选用了英特尔的XMM 7360和高通的MDM 9645。至此，英特尔迎来了自己在基带芯片市场上的高光时刻。

英特尔集团上下此时都有这样的错觉：自己有机会超越高通，成为基带芯片市场上的王者。

英特尔之所以会产生这种错觉，与苹果的“有意扶持”不无关联。为了压制高通，明知英特尔基带芯片在信号测试中落后高通至少30%，苹果依然坚持选用了英特尔首个基于14nm工艺制成的基带芯片XMM 7560，并将之搭载于最新三款iPhone（iPhone XS/XR/XS Max）中。可苹果低估了基带芯片对其产品品质的影响：无论iPhone其他方面设计得再优秀，它依然是部手机，信号不好，口碑自然会下降。

其实，为了苹果的这份信任，以及苹果所给的希望，英特尔不是没有努力，特别是在5G领域。

2017年11月，在发布了4G基带芯片XMM 7660的同时，英特尔也

公布了旗下首款 5G 基带芯片 XMM 8060。但由于该款芯片无法满足苹果标准，英特尔立即放弃“修补”，而是转向着手研发新产品。

2018 年，英特尔公布了旗下第二款 5G 基带芯片 XMM 8160。

早在 2016 年，英特尔便已与华为、中兴及爱立信组成了 5G 技术的研发合作伙伴；同时又与戴尔、惠普联手，欲研发 PC 端商用 5G 调制解调器。至此，英特尔的未来看似一片光明。

世纪和解，让英特尔黯然离场

虽然苹果一直在支持英特尔，并期望它可以不负所托，而英特尔在 5G 方面也看似一直有进展，但就移动端来说，英特尔并没有拿出真正可量产、可商用的东西，且一直在辜负苹果的重托。

5G 研发落后，导致苹果落后于劲敌

英特尔在 2018 年 11 月便表示，计划在 2020 年推出 XMM 8160 5G 调制解调器，以扶持客户产品（iPhone）的推出。但在 2019 年，英特尔宣布自己无法按时推出可商用的 5G 芯片，这就意味着，若坚持与英特尔合作，到 2020 年苹果也无法推出自己的 5G 手机——可苹果的劲敌华为、小米等已宣布，在 2019 年便会推出自己的 5G 手机。

芯片信号差导致苹果手机的市场反馈下降

2016 年，苹果智能手机在全球智能手机市场中所占份额为 14.6%，却获得了全球智能手机市场近 8 成的利润，靠的正是 iPhone 所代表的智能手机的创新潮流及高品质，但现在它的品质正在被英特尔芯片破坏。搭载了英特尔芯片的三款 iPhone 上市后，由于信号差的问题，品质备受质疑，甚至影响到了 iPhone 在全球范围内的销量。

iPhone 是苹果的“利润之泉”，英特尔的表现让苹果不得不放弃它。

苹果是英特尔的最大客户，也是英特尔愿意在 5G 移动端持续投入的关键因素。苹果离场，新合作客户未谈成，高额投入已付诸东流，英特尔已看不到坚持 5G 移动端的希望。

放弃移动端，转向网络设施

2019 年 4 月 17 日，英特尔宣布将结束 5G 智能手机调制解调器业务，未来将专注于 5G 网络基础设施及其他数据中心业务。

对于英特尔来说，这是一个明智的决定，原因如下。

技术层面

在所有芯片中，移动终端芯片的研发难度相对较高，如图 1-9 所示。

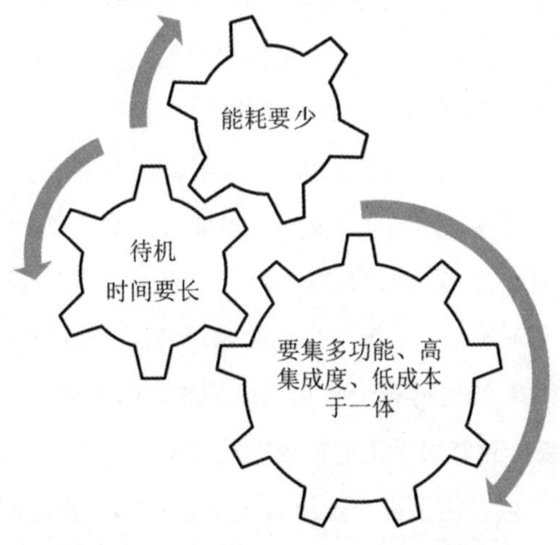

图 1-9　5G 移动终端芯片研发的三大难关

早在 4G 时代，英特尔的技术实力就不足，因此根本无力攻克 5G 难关。

市场层面

英特尔的 5G 移动终端芯片的大客户只有苹果，但是在数据中心、基础设施方面并不缺客户，因为英特尔在这方面的经验丰富，且研发技术处于行业霸主地位。

由此可以预见，未来 5G 网络基础设施会成为英特尔的发展重点，凭借自身在这方面的优势，英特尔自然会跟进 PC、物联网设备及其他以数据为中心的设备等细分领域的调制解调器业务机会。

退出基带市场是英特尔的明智选择：进入 5G 时代以后，基带芯片市场对玩家的要求只会越来越高。放弃自己不擅长的领域，转向市场更大、更具备先天优势的基础设施市场，或许英特尔会迎来自己在 5G 时代的新辉煌。毕竟随着 5G 时代的到来，不管是算力还是安全等方面，通信领域都会面临新一轮的挑战，而垄断了数据中心市场的英特尔自然会稳居市场高地。

7 中兴：生死劫后，是否还有崛起的可能性

作为中国在国际上最有知名度的两家通信企业，中兴与华为曾经在国际上呈“双雄”之势，当时两者的差距远没有如今这么大。但中兴后来遭遇了美国的巨额罚款，再加上自身的芯片技术受制于美国技术，因此中兴与华为的距离便日渐拉开。不过得益于 5G 红利，如今的中兴终于“满血复活”。

命运多舛，遭遇制裁

2018 年 4 月 16 日，美国商务部宣布，由于中兴违反了美国相关法律，在未来 7 年内，禁止美国公司向中兴通信销售零部件、商品、软件和技术。而针对相关调查与指控，早在 2017 年 3 月中兴便已认罪，并同意支付 8.92 亿美元的罚款。

一般人或许并不理解美国对中兴的全面制裁意味着什么，并误以为这些制裁对中兴的发展毫无影响。但事实上，相比之前美国最大的产品零售集团百思买全面停售华为产品，或是以其他手段让中国的产品不能

进入美国销售，都并非真正意义上的制裁 —— 这次美国对中兴的制裁是从国家层面，用行政手段截断中兴与美国的联系。

美国商务部对中兴的制裁，是全面禁止美国厂商向中兴销售、提供技术服务，甚至提供技术支援，但通信领域中大部分的芯片、零部件、操作系统、软件等专利，都由美国本土企业所拥有，中兴与华为所使用的技术和零部件等也不例外。

中兴一向以销售手机、平板电脑等消费类电子产品及电信设备为主。其中，电信设备产生的收入占总营收的 6 成左右，而消费类电子产品的占比则约为 3 成。

中兴电信设备所用到的外来零件占其总料件至少 6 成以上，而来自美国供应商的料件至少占了这 6 成的一半以上，中兴所用料件自制比例并不高。特别是在处理器领域，中兴几乎完全受制于美国的高通。受到全面制裁以后，不管是在通信设备方面还是在产机产品方面，中兴都面临着“断炊”的危机。

在 4G 时代，中兴的电信设备在全球排名第四，以将近 10% 的市场份额落后于华为、诺基亚及易利信，而如今，中兴只能眼睁睁地看着自己失去这 10% 的国际市场份额。

后发，唤醒涅槃可能

美国制裁事件令中兴通信一度停摆，如何提高核心技术的自主性成为中兴的当务之急。为了应对此次制裁，中兴想了很多办法，并在冷静之后，最终把翻身的赌注押在了 5G 技术上。

其实早在 2012 年，中兴就已经展开了对 5G 技术的深入研究，并进行了战略性重点投入。经过多年的布局，中兴已是全球 5G 标准研究的主要贡献者，如图 1–10 所示。

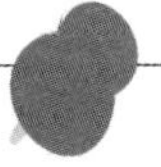

• 全面参与了ITU、3GPP、IEEE、NGMN等国际主流标准组织；
• 在3GPP 5G新空口技术方面已经累计提交超过3500篇国际提案；
• 获得了3个5G关键规范的编辑席位，1个 RAN 3副主席席位；
• 5G战略布局专利全球超过2000项。

图 1-10 中兴已获得的 5G 方面的成绩

中兴在 5G 标准制定过程中展现出的实力，早已被业内广泛认可。目前，中兴在 5G 无线基站、承载网、核心网、产业生态等方面皆有良好表现，且处于业界领先地位：

率先推出了 5G 低频基站、高频基站和模拟终端等全系列产品，可以第一时间支持 5G 网络的商用；

推出了业界最高集成度的 IT-BBU 硬件平台，这是业内首家基于容器技术的 litePaaS 基站软件平台；

在受到美国制裁以后，中兴已意识到自身在关键技术方面的不足，强劲发力，加大了在核心芯片上的研发投入，并与国内的业界展开了广泛的合作，以保证供应链上的安全。

在未来很长一段时间里，5G 即未来，5G 市场就是一块大蛋糕，若因为一时的制裁而未能全面发力，那么中兴将很快被淘汰。幸好前期夯实了 5G 的基础，中兴只需要后续不断地产出成果即可。

加速 5G 商用，部署涅槃可能

截至 2018 年年底，全球范围内可提供完整端到端的 5G 解决方案的设备商只有中兴和华为两家。

无论是固网还是无线网，是承载、接入还是核心网，是芯片、设备、终端还是核心应用，在 5G 产品方面，中兴都拥有完整的产品体系、领先的技术方案及出色的交付与服务能力。

而且上述任何一个环节，中兴的实力都稳居第一阵营，与其他竞争对手实力相当，甚至更加强大。

审视中兴近两年的 5G 标准必要专利增长，尤其令人深刻：早在 2018 年 9 月，中兴便已向欧洲电信标准化协会披露，首批 3GPP 5G 标准必要专利超过 1000 件；2019 年 3 月，德国专利数据公司 IPLytics 更新报告，中兴通信以 1208 件 5G 标准必要专利排名全球第五位。2019 年 6 月，中兴通信披露 1424 件 5G 标准必要专利，排名跻身全球前三位。

在 2020 年 2 月，IPLytics 再次公布数据，此次，中兴通信 5G 标准必要专利披露数量已达 2561 件，稳固了全球前三的地位。

凭借这样的实力，中兴同样得到了全球运营商用户的认可。

截至 2020 年 2 月，中兴已在全球获得 46 个 5G 商用合同，覆盖中国、欧洲、亚太、中东等主要 5G 市场，更与包括中国通信三巨头、法国 Orange、意大利 Wind Tre 等全球 70 多家运营商展开了 5G 深度合作——眼下，中兴合作伙伴数量还在持续增长中。

这意味着，中兴多年积累下来的 5G 优势，正在真正落地，切实地转化成业绩收入。2019 年 8 月 27 日，中兴公布上半年收入为 446.09 亿元，同比增长 13.12%。这是被美国制裁后，中兴终于首次扭亏为盈。

毫无疑问，“禁售”对中兴造成了巨大的伤害，但其企业生存与发展的核心竞争力并未受到实质性的削弱。在 5G 时代，“技术为王”的业内生存准则依然适用。因此，在 5G 红利的催化下，中兴必然继续高歌猛进。

第二章

CHAPTER 2

回溯：当我们说 5G 时，我们究竟在说什么

5G 风口到来之前，人们便早已形成了建立于移动通信之上的现代化生活习惯。从 1G 到 5G，不过几十年时间，但回溯这段过往，却可以帮助我们窥见 5G 产生的必然趋势，更能使我们知晓，在各个时期，因人们的需求而产生的新技术有何特点。

1 从 1G 到 5G，从语音到万物互联

1G 是无线通信的始点，说到 1G 的双向无线通信，摩托罗拉 (Motorola) 是避不开的主角：它是移动通信的开创者。

最初的无线通信技术带有浓重的政治色彩，它被广泛应用于国家级的航天与国防工业，而摩托罗拉也是依靠军方力量发展起来的。

1G：语音时代

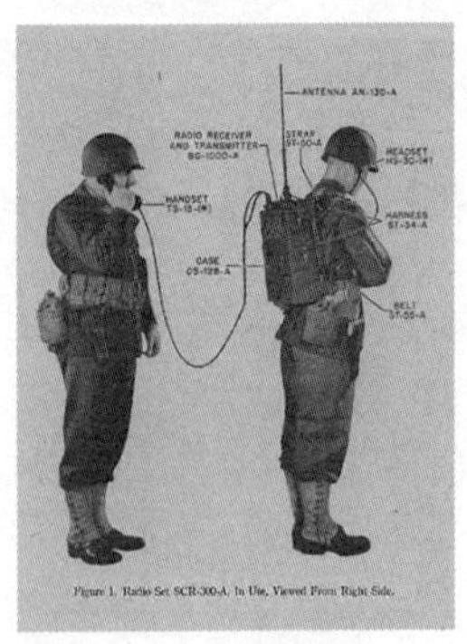

图 2-1　笨重的 SCR-300

创于 1928 年的摩托罗拉在“二战”时期与美国陆军部合作，协助其研发无线通信工具。1941 年，摩托罗拉推出了全球首款无线产品 SCR-300。不过 SCR-300 的外形极其笨重，甚至需要有专人背负着才能使用，如图 2-1 所示，但它在当时已是跨时代的产品。SCR-300 的特点如图 2-2 所示。

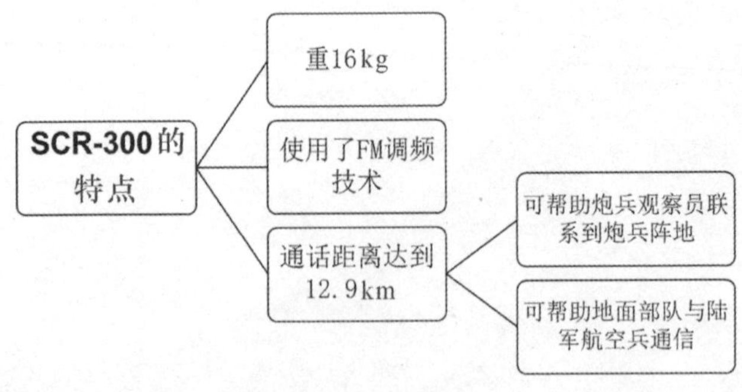

图 2-2　SCR-300 的特点

在整个战争期间，摩托罗拉共生产了 5 万部 SCR–300。不过它的风头很快被它的“兄弟”——“大哥大”SCR–536所盖过，如图 2–3 所示。我们可以通过图 2–4 了解 SCR–536 的主要特点。

图 2–3 摩托罗拉公司于 1980 年发明的“大哥大”SCR–536

SCR–536是世界上首款手提式对讲机，1973 年，摩托罗拉的工程技术员马丁 · 库帕对其进行了改进，发明了世界上第一部民用“大哥大”。

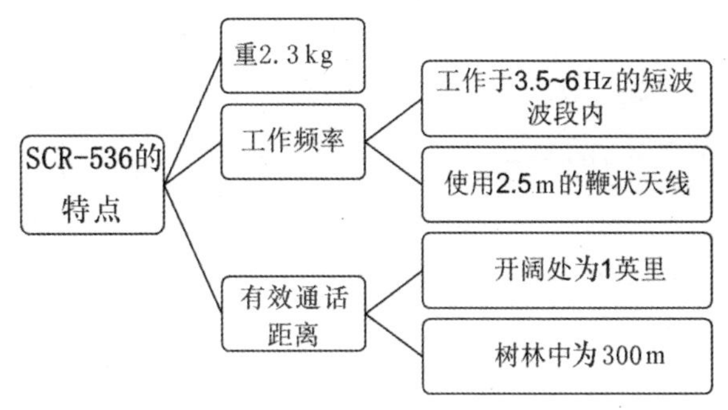

图 2–4 SCR–536 的特点

1987 年，为了迎接全运会的到来，我国在广东省建了第 1 代移动通信系统，这也是我国第一个移动通信系统，标志着 1G 在中国的正式开始。当时很多人手中拿的便是大块头的摩托罗拉 8000X。这款手机在当时采用了高级移动电话系统（AMPS），主要使用了模拟信号和 FDMA（频分多址）技术。

模拟信号，收音机使用的便是此类信号。

频分多址，即通过给不同用户分配不同频率的频带来实现通信。

后来，人们将这一时期命名为 1G(第一代移动通信技术) 语音时代。

2G：文本时代

20 世纪 80 年代后期，由于 1G 存在缺陷，2G 出现的条件也已成熟，因此移动运营商逐渐转向数字通信技术，移动通信开始由 1G 时代迈入 2G 时代，如图 2–5 所示。

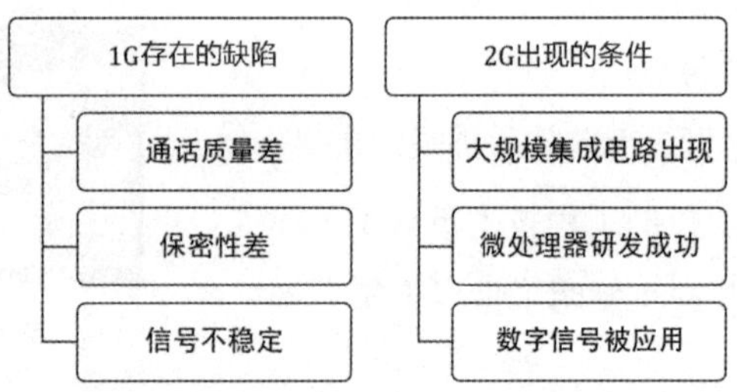

图 2–5　移动通信技术逐渐由 1G 时代迈入 2G 时代

通信产业为国家战略产业，通信标准的背后是综合国力的角逐，输的一方必须向胜者缴纳高额专利费，而且胜者更容易掌握产业主动权。

1G 时代，美国人把持了通信标准，欧洲各国不得不委曲求全。不过，1982 年，欧洲邮电管理委员会成立了“移动专家组”，专门负责通信标准的研究，并研发出了 GSM（Global System for Mobile communications），其特点如表 2–1 所示。

表 2–1　GSM 的特点

核心	时分多址技术（TDMA） 一个信道平均分给八个通话者 一次只能有一个人讲话 每个人轮流用 1/8 的信道时间
优点	易于部署 用数字信号编码取代了模拟信号 支持国际漫游 提供了 SIM 卡（可存储个人资料） 能发送 160 字长度的短信

续表

不足	容量有限 当用户过载时，就必须建立更多的基站

2G 时代，移动通信出现了惊人的进步。从 1991 年爱立信、诺基亚搭建了欧洲大陆上首个 GSM 网络开始，到 2001 年短短 10 年时间内，全球便有 162 个国家和地区建成了 GSM 网络，使用人数超过了 1 亿人，市场占有率高达 75%。

欧洲的 GSM 蓬勃发展的同时，美国人也没有落后，他们同时研发出了三套通信系统。其中两套是基于 TDMA 技术的，而第三套则是高通公司推出的码分多址技术（CDMA），如图 2–6 所示。与 GSM 技术相比，CDMA 采用了更出色的加密技术与通话技术。

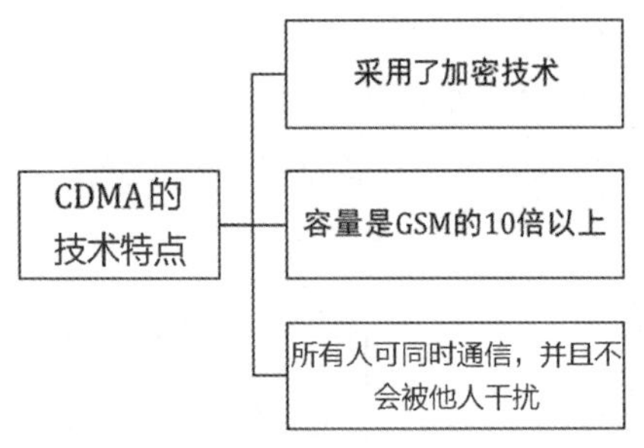

图 2–6　CDMA 的技术特点

CDMA 的优势虽然较明显，但遗憾的是，高通不具备手机制造经验，而欧洲运营商因为有了 GSM，对高通的知识产权也不屑一顾。因此这一时期，在欧洲起家的诺基亚与爱立信将摩托罗拉取而代之，成为全球移动电话商巨头。

3G：图片时代

2G 时代出现了蓝屏手机、彩屏手机，在高度保密的通信特点下打电话、发短信成为常态。不过，这显然不是人类通信需求的终点。此时 3G

应运而生，如图 2–7 所示。

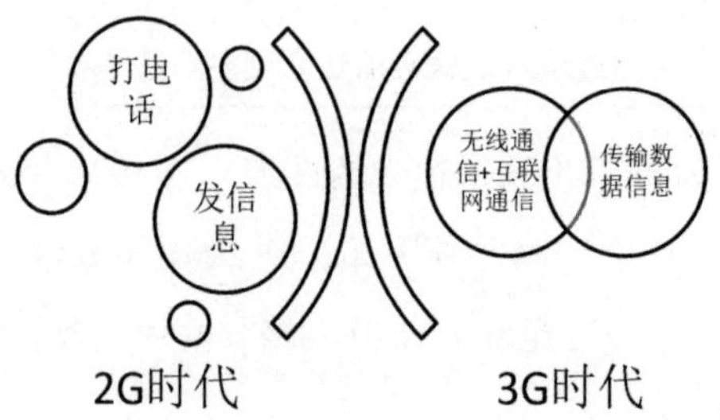

图 2–7　从 2G 时代到 3G 时代

3G 时代又被称为“图片时代”，此时移动通信技术开始发生关键性转变：3G 结合了无线通信与互联网等多媒体通信手段，实现了数据信息的传输。此时，性能更好的 CDMA 成为 3G 时代的核心技术。在 3G 时代，互联网通信与无线通信紧密结合。

随着人们对 3G 网络需求的不断加大，第三代通信技术有了多种变化。因此，3G 时代也被视为开启移动通信新纪元的关键节点，其特点如图 2–8 所示。

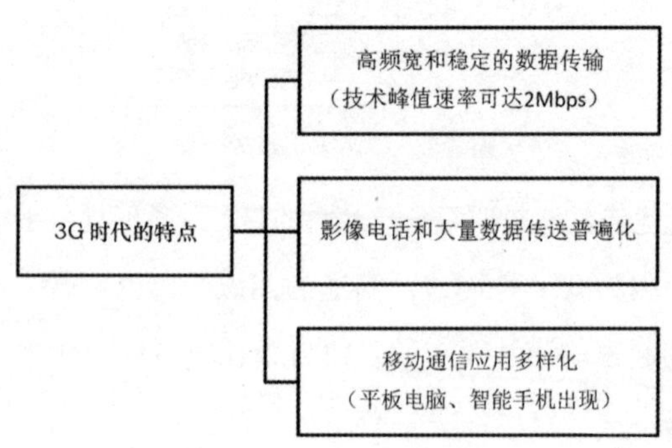

图 2–8　3G 时代的特点

虽然在 2005 年 3G 便已经被部署好，但 3G 的大热是在智能手机、平板电脑普及后。智能设备搭配 3G 网络实现了图片交互，人们利用手机、平板电脑就可以看视频、听音乐了。因此，3G 真正开启了移动互联网时代的大门。

在这一时期，苹果和三星迅速崛起，诺基亚慢慢衰败。

4G：视频时代

我们现在使用的技术就是“4G”，它是第四代无线蜂窝电话通信协议，其特点如图 2-9 所示。该技术集 3G 与 WLAN 于一体，下载速度可达 100Mbps，比拨号上网快 2000 倍；上传速度也可达到 20Mbps。

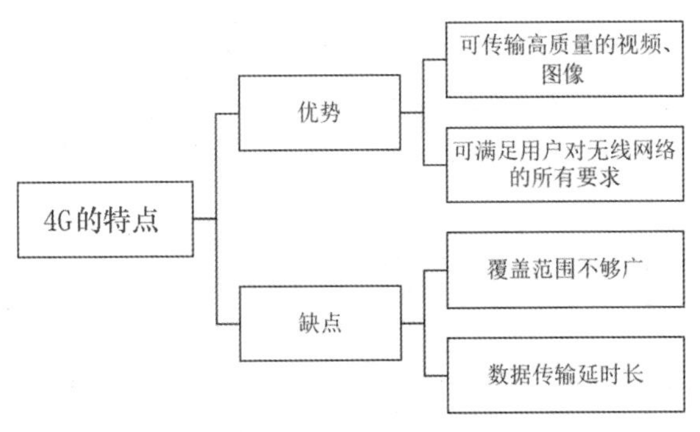

图 2-9　4G 技术的特点

2013 年 12 月，工信部在其官网宣布，向中国移动、中国电信、中国联通颁发“LTE/ 第四代数字蜂窝移动通信业务（TD-LTE）”经营许可证，也就是 4G 牌照。至此，移动互联网的网速达到了一个全新的高度。

如今，我国的 4G 信号覆盖早已普及，平板电脑、智能手机成为标配，大量类似于直播行业的、依赖于 4G 网络的“宅经济”全面迸发。

5G：万物互联时代

5G 时代与前面 4 个时代都不同，因为 5G 不再是单一的无线接入技术，而是集成前述所有技术，再配合新型无线接入技术的总述型解决方案。可以说，它是真正意义上的通信技术与互联网的融合。

5G 的最大特点是"网速快"，例如，下 1GB 大小的电影，在普通 4G 环境下可能需要半个小时，但在 5G 环境中可能只需几秒钟。不过，5G 的作用绝不仅限于此，有了 5G，我们的生活可以实现但不限于图 2-10 所示的场景，未来我们将迈入万物互联的时代。

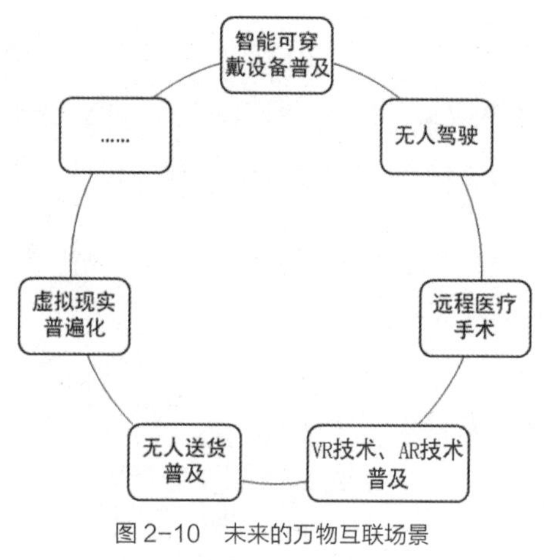

图 2-10　未来的万物互联场景

2　5G，始于但绝不限于"更快"

有关 5G，我们说了这么多，抛开所有"高、大、上"的技术细节，我们会发现，5G 就是一套传输速度更快、反应速度也更快的移动网络。

一切就像三星高级副总裁贾斯汀·丹尼森于 2019 年所说的那样："你无须在前往机场前就记着下载好某季自己最喜欢的电视节目 —— 在 5G 时代，你完全可以在排队登机时花费几秒钟下载完它们。"贾斯汀先生的话得到了高通的认可，因为 5G 的初始中值下载速度可达 400Mbps，大约相当于目前 4G 网速的 20 倍。

"5G 时代下载一部电影只需 17 秒，而用 4G 网络则需要 6 分钟。"这多像 10 年前的宽带套餐广告！不过提高速度从来不是通信网络迭代的最佳理由，重点在于，在速度更快的情况下我们能干什么。

令人尴尬的时延在 5G 时代将不复存在

我们可以回想一下令人尴尬的日常生活场景，比如下面这个场景。

A：“你吃过饭了吗？赶上高铁没？”

B：“……我吃过了。”

A：“你大约几点到？到了以后给我打个电话。”

B：“……我赶上车了，已经坐下来了。”

A：“你那儿是不是信号不太好？”

B：“……好像下午 2 点到站。”

……

这种“错位”的手机通话，我们在乘坐高铁、高速行车时，甚至在高速电梯里都有可能遇到。

另一种常见的“信号不太好”的场景则是，在玩“吃鸡”一类在线游戏时，明明你快人一步发现了目标，明明你瞬间瞄准并开火了，可是对手却不见了！你正惊讶时，画面一闪，对手竟然已经在你的旁边，不仅成功“躲过”了你的射击，还反手给你来了一击！

这样的情形真是让人气愤又懊恼。

在通信行业中，对此类情况其实有专业的说法，即“时延”。“时延”也被称为延迟，它指的是数据从上传请示到接收所需要的时间。由于可以通过机器终端的 Ping 命令对网络延迟进行检测（在 Windows 电脑端，这一操作为在运行窗口输入 Ping 指令），因此时延可以按“Ping 延迟”来分类：

仅按数据包从发送端到接收端来算，时间为 Ping 延迟的一半，即“单向时延”。

按数据包在发送端和接收端间的往返时间来算，时间为整个 Ping 延迟，即正常时延。

拿手机来说，时延的粗略表现是手机发出的信息通过基站、光缆、主干网络、服务器等一系列传输后，最终回到手机所造成的延迟。

若只是打电话、玩游戏时出现这样的时延，我们可能会无奈地一笑了之。但试想一下，若医生正在借助网络，远程遥控千里以外的机器人为病人做一台心脏搭桥手术，那么时延很可能会导致机器人未及时收到指令，或者错过了重要的指令，这台手术就有可能失败，病人将再也没有机会站起来……

若一个人驾驶着汽车，正以 120km/h 的速度行驶在高速公路上，突然发现前方有异常情况，于是发出了减速指令，但车子未能及时接收到指令，那么很可能出现的结局就是车毁人亡……

若工厂中的智能设备正在加紧生产，但因为时延而未接收到指令，或者未弄明白接收到的断断续续的指令是什么意思，那么最终很可能会导致产品报废、流水线停产，甚至引发严重的安全事故……

这些有可能导致严重后果的时延问题，正是5G努力解决的关键问题。

5G 网络快且安全

5G 网速的确很快，但这仅仅是 5G 优势的一个方面而已，比“网速快”更重要的优势是 5G 的“超低时延”。它可以确保终端以更安全、更可靠、更及时的方式展开通信与数据传输。

目前，理论上 5G 网络的时延可控制在 1ms（毫秒，1 毫秒为一秒的千分之一）以下。就像我们开车时发现异常情况要踩刹车一样，普通人的反应速度是 0.4s，即 400ms，而 5G 情况下只需要 1ms 便能反应过来。5G 网络所具备的低时延优势，特别适用于以“无人”、智能化为特点的诸多人工智能领域。

当然，并非所有 5G 网络都具有超低时延。针对不同的应用场景，5G 的时延要求也不一样，如表 2-2 所示。

表 2-2　三大应用场景

场景	要求
eMBB（增强移动宽带）	针对的是大流量移动宽带业务，单向时延为 4ms
URLLC（超高可靠与超低时延通信）	如无人驾驶等业务（3G 响应为 500ms，4G 为 50ms，5G 要求 1ms 甚至 0.5ms）
mMTC（大规模物联网）	针对大规模物联网业务，如工业机器手臂，时延需求为 1~10ms

我们已了解到，5G 是在现有网络基础上构架的，若在每一个场景中都实现毫秒级别的时延，就需要对现有网络架构做出重大变更，成本相对较高。因此，短期内实现这一性能指标相对较困难。

此外，时延与其他性能指标之间的关系同样需要纳入考虑范围。比如，自动驾驶在需要实现超低时延的同时，还必须有百分之百的接收可靠性。

对时延要求相对较高的还有具有高吞吐量需求的业务，如 VR 技术，要实现较好的虚拟现实体验，不仅要让时延短于人体感官的反应时间（这一时间大约在 20ms 以内），每秒还要处理超过 5GB 的数据量。

在无线系统计划里，传输速率、时延与可靠性等不同性能指标之间，往往存在一定程度的此消彼长的关系，某一维度性能的优化往往会导致另一维度性能的退化。比如，5G 技术中用到的传输时间间隔绑定（Transmission Time Interval Bundling，TTI Bundling）技术，通过将一个数据包在连续多个 TTI 资源上进行重复传输、合并，达到提升传输质量的目的，但其代价是增加了开支，同时也降低了编码增益（通信的自我纠错功能）。

虽然 5G 的传输速率极高，但不同的应用场景对时延、可靠性等性能的要求明显不一。因此，需要针对具体的业务类型进行合理的权衡，协调时延与其他性能指标之间的关系。这就纠正了我们的误解，虽然超低时延是 5G 极其重要的属性，但不同场景下所能达成的最低时延显然不同。

3 商用王牌：神奇的“微米波”

实验表明，未来 5G 会比眼下的蜂窝连接速度快 100 倍，如此优秀的性能完全得益于其更高的带宽、更快的数据传输速率，以及更低的延迟。5G 网络的延迟可以小于 1ms，可以想象，这 1ms 对于关键任务类应用（如自动驾驶）来说有多么重要。而这一切都是因为 5G 新的无线电毫米波传输技术。

eMBB 的实现之道

增强型移动宽带（eMBB）是现在 5G 最重要的发展方向之一，在 5G 基站下，国际电信联盟（ITU）的愿景是，单独居民小区的网络可达 20Gbps 的速率。2018 年 3 月 1 日，在巴塞罗那召开的世界移动大会上，我国 5G 先锋中兴通信更是演示了高达 50Gbps 的下载速率。那么，超出想象的速率是如何实现的呢？

这要从美国“信息论之父”克劳德·香农开始谈起。香农先生于 1948 年发表了论文《通信的数学理论》，这篇文章直接奠定了现代信息论的基础，其关键原因在于，此文中的香农公式（见图 2–11）准确地描述了与通信系统容量密切相关的几大因素，以及它们之间的关系。可以说，香农公式清晰地诠释了移动通信的运作之道。

$$C = B \times \log_2(1 + \frac{S}{N})$$

C：系统容量
B：信道带宽
$\frac{S}{N}$：信噪比

图 2-11　现代信息论基础——香农公式

由该公式可以看出，通信系统的容量主要是由信道带宽决定的，而且两者是呈正比的。我们可以这样简单地理解这种正比关系：信道带宽越大，通信系统的容量就会越大，网速才会越快。

5G 的设计者们非常清楚这一关系：想要大幅度提升网络传输速率，增加信道带宽是首要任务。可是，频段资源并非是可以无限随意利用的，如表 2-3 向我们所展示的，它们就如同道路一样，有着特定的行驶者，而 2G、3G、4G 作为先到者早已占用了常用的频段。

表 2-3　不同频段的用途

名称	符号	频率	波段	波长	主要用途
甚低频	VLF	3~30kHz	超长波	1000km~100km	海底潜艇通信，远距离通信，超远距离通信
低频	LF	30~300kHz	长波	10km~1km	越洋通信，中距离通信，地下岩层通信，远距离导航

续表

名称	符号	频率	波段	波长	主要用途
中频	MF	0.3~3MHz	中波	1km~100m	船用通信，业余无线电通信，移动通信，中距离导航
高频	HF	3~30MHz	短波	100m~10m	远距离短波通信，国际定点通信，移动通信
甚高频	VHF	30~300MHz	米波	10m~1m	电离层散射，流星余迹通信，人造电离层通信，对空间飞行体通信，移动通信
超高频	UHF	0.3~3GHz	分米波	1m~0.1m	小容量微波中继通信，对流层散射通信，中容量微波通信，移动通信
特高频	SHF	3~30GHz	厘米波	10cm~1cm	大容量微波中继通信，数字通信，卫星通信，国际海事卫星通信
极高频	EHF	30~300GHz	毫米波	10mm~1mm	空间波再入大气层时的通信，波导通信

低频频谱

目前主要运用于语音、MBB 服务和物联网（IoT）的 2G、3G、4G 服务。为移动网络新分配的频谱包括 600 MHz 和 700 MHz 频段。这些频段非常适用于广域和室外覆盖及深层室内覆盖。

中频频谱

目前用于 2G、3G、4G 业务。每个网络 50~100MHz 的带宽，满足了 5G 业务所需要的较远距离覆盖、巨量用户容量和更低时延等基本需求。

中频频谱拥有更好的广域和室内覆盖范围，是覆盖范围、质量、吞吐量、容量和延迟之间的最佳折中方案。把中频频谱与低频频谱相结合，可在容量和效率方面实现卓越的网络改进。

高频频谱

提供了 5G 承诺的数据传输速率、容量、质量和低延迟的飞跃的基础，其每个网络的连续带宽均超过了 100MHz。主要应用于工业物联网及室内外等方面的部署。

每个频谱的独特属性，以及未来它们在不同领域的运用意味着，未来供应商们会拥有多种机会在覆盖范围、通信质量和频谱效率之间获取平衡。

比如，移动通信的传统工作频段主要集中在中频与超高频之间，眼下 4G LTE 技术标准为特高频率与超高频，而我国则主要使用超高频。

2G、3G、4G 作为先到者早已占用了常用的频段，而后来发展出的 Wi-Fi 技术也占了一大段。因此，可供 5G 发展、利用的频段已不多。

毫米波的引入

俗话说："巧妇难为无米之炊。"在常用频段被占用后，我们该怎么办呢？

5G 设计者们将眼光投向了频段更高处：30GHz~300GHz 范围内的频谱。相比传统频谱，这段频谱的频率高出了很多，而频率越高，波长就越短，如图 2-12 所示。

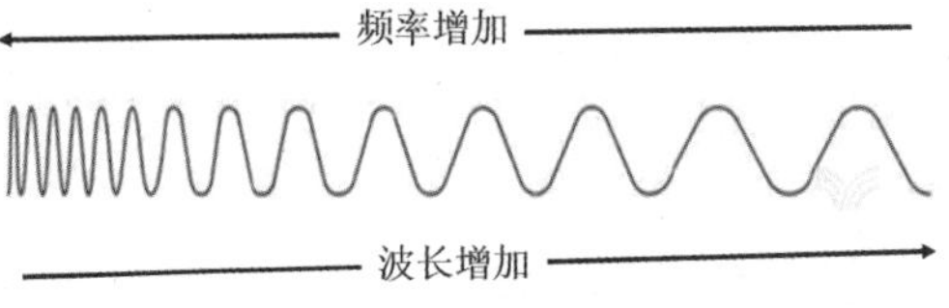

图 2-12 波长与频率的关系

物理学中的电磁波公式如下：

波长（λ）= 光速（c）÷ 频率（f）

由上述公式我们可以得出，极高频的波长在 1~10mm 之间，所以它才会被命名为“毫米波”（又称 mmWave）。毫米波的频谱资源极其丰富，若全部开发出来，再配以相应的技术辅助，可以想象其通信速率会非常快。

目前，国际电信联盟确定的 5G 毫米波频谱被称为 FR 2（Frequency Range 2），它集中在 24GHz~29GHz 这一 5G 带宽中。实际上在 5G 运用中，毫米波的下限是 24GHz，完全可以满足 5G 初始阶段的部署需求。

既然高频频谱所能提供的毫米波资源的质量如此过硬，那么为什么 2G、3G、4G 都非要挤在低频 Sub-6GHz 频段，甚至连 5G 也首先在 Sub-6GHz 频段来部署？这是因为毫米波有其致命弱点 —— 覆盖率差。

毫米波通信覆盖率差是其开发过程中的关键瓶颈

电磁波在空气中传播时，频率越高，损耗越快，其绕射、穿透能力也越差。典型的损耗分类有 4 种，如表 2-4 所示。

表 2-4　电磁波在传播中的损耗

距离损耗	距离远近造成的损耗，距离越远，信号能量越弱
绕射损耗	穿透障碍物时发生的损耗，障碍物越多，造成的损耗越高
穿透损耗	穿透建筑、花草树木等障碍物时所产生的损耗
天气损耗	大气中的雨、雪、冰的吸收、散射等现象导致信号减弱

一般情况下，信号能量的损耗与频率的平方呈反比。举例来说，如果将频率增大 4 倍，其损耗便会增大 16 倍，而且频率越高，损耗越大。

通信信号在空间内的传播，是表 2–4 中所有损耗的总和。与低频通信相比，5G 毫米波传播所产生的损耗非常大。在上述各类损耗中，尤其值得注意的是天气损耗，潮湿、雾、雨水等都会导致毫米波传播能量受损。在极端情况下，特别是在特大暴雨天气中，毫米波的传播损耗甚至可达 18.4dB/km。

因此，未来要将毫米波技术真正运用于 5G，就必须解决天气对毫米波的影响问题。通信网络之所以被人们信赖，就是因为其具有稳定性、可靠性。而 5G 未来要通过天气的考验，就必须在规划网络时，与气象局通力合作，在各个地区历年降雨量的历史数据下做好网络规划。

虽然与低频通信相比，毫米波的传播损耗非常大，但其通信速率也极其诱人。因此，运营商自然会积极主动地扬长避短，对其进行开发。

如何做到扬长避短？这就涉及 5G 部署技术中的五大关键技术。

4 五大关键技术决定了 5G 更快更强

作为新一代的移动通信技术，5G 之所以既快速又安全，源于其网络能力、网络结构和相应的要求都与4G有着极大不同。5G最大的特点在于，它是由大量先进技术整合而成的，而且这些技术并非相互独立，而是相互成就、缺一不可的。

高频段传输：开阔多线的通信高速公道

虽然手机是现代人生活中离不开的物品，但可能大多数人都没有详细读过自己手机的说明书，更未曾注意到手机参数上会有这样一句话：该手机支持 bands 38，39，40 等，如图 2–13 所示。

iPhone 7 Overview iOS Tech Specs Buy

Cellular and Wireless		
	Model A1660* Model A1661*	FDD-LTE (Bands 1, 2, 3, 4, 5, 7, 8, 12, 13, 17, 18, 19, 20, 25, 26, 27, 28, 29, 30) TD-LTE (Bands 38, 39, 40, 41) TD-SCDMA 1900 (F), 2000 (A) CDMA EV-DO Rev. A (800, 1900, 2100 MHz) UMTS/HSPA+/DC-HSDPA (850, 900, 1700/2100, 1900, 2100 MHz) GSM/EDGE (850, 900, 1800, 1900 MHz)
	Model A1778* Model A1784* Models A1778 and A1784 do not support CDMA networks, such as those used by Verizon and Sprint.	FDD-LTE (Bands 1, 2, 3, 4, 5, 7, 8, 12, 13, 17, 18, 19, 20, 25, 26, 27, 28, 29, 30) TD-LTE (Bands 38, 39, 40, 41) UMTS/HSPA+/DC-HSDPA (850, 900, 1700/2100, 1900, 2100 MHz) GSM/EDGE (850, 900, 1800, 1900 MHz)
	All models	802.11a/b/g/n/ac Wi-Fi with MIMO Bluetooth 4.2 wireless technology NFC

图 2-13 iPhone 7 说明书中的频段说明

此处的 bands，即频段，每一个频段代表一个频率范围。比如，通信界常说的 GSM 900、CDMA 800，即工作频段在 900MHz 的 GSM 和工作频段在 800MHz 的 CDMA。

之前说过，所谓的无线通信、移动通信，其实都是电磁波通信。我们通过技术转化，把信息加载在电磁波上再发送给别人。要利用电磁波，就要占用频率资源，可是这个频率资源并非用之不竭的。打个比方说，频率资源就像一条马路，虽然足够宽，但因为在上面通行的车辆数量太多，大家分一分，各行其道，如此一来，留给民用移动通信的频率资源就变得很少了。

未来 5G 的毫米波就属于特高频与极高频 —— 频率资源如同车道一样，频率越高，车道数量越多，相同时间内可以通行的车辆就越多，实现的传输速率就越高。

由于目前 5G 毫米波试验范围被确定于 24GHz~29 GHz 范围内，因此国际上主要使用 28GHz 这一频段试验 5G。不过根据国际电信联盟的专家预测，将来有可能使用 30GHz~60GHz 的频段，俄罗斯专家甚至提出了 80GHz 的方案。

微基站：更小、更多的无线电收发信电台

既然高频率对信息传输有帮助，为什么过去高频率没有受到重视呢？原因很简单 —— 用不起。

电波有一个明显的特点，即频率越高，越趋近于直线传播，其绕过障碍物的能力越差。5G 最大的问题在于，它的覆盖能力会大幅度减弱。要让信号覆盖同一个区域，5G 所使用的基站数量将远超 4G。

4G 时代，由于电波覆盖能力强，传播距离较远，基站的体积一般都如旗杆或高塔，这种基站被业内人士称为“宏基站”，只要建造一个就能覆盖一大片区域。但在 5G 时代，我们不能为了追求无线通信的高速快感，就在“寸土寸金”的城市建满宏基站。因此，5G 技术的真正落地一定要依靠微基站。

当前，限制微基站发展的主要因素是天线尺寸，一般要求天线的尺寸与电磁波的波长在同一个数量级，而基站电磁波的波长等于光速除以频率。3G 与 4G 的载波波长在分米级，因此，小基站的天线长度也应控制在分米级。

但是在 5G 时代，载波波长变成了毫米级（这也是 5G 光波被称为“毫米波”的原因），因此天线可以做得更小、更多。

可以想象，未来 5G 蓬勃发展时，随着技术与元件质量的提升和发展，微基站会如同家里用的路由器一样小。这种体积质量像探照灯或鞋盒一样大、造型多样、与周围环境融合的微基站，会被置于人口密集区，覆盖大基站无法触及的微小角落，如图 2-14 所示。

图 2-14　过去的基站与未来的微基站

未来随着微基站的普及，可以实现这样的运用场景：你去参加自己喜欢的歌手举办的万人演唱会，在这种高密集人群中，4G 可能完全没有信号，或者连微信都发不出去。但在微基站普及的情况下，你可以在演唱会开场前的等待中，花费一分钟时间下载完整部电影。

大规模 MIMO：5G 的基础硬件

大规模的多输入多输出技术是 5G 得以实现的一项重要技术。多输入多输出（Multiple-Input Multiple-Output，MIMO）技术是指在发射端与接收端使用多个发射天线与接收天线，通过多个天线的传输与接收，来提升通信质量。每一项技术的实现都需要靠一定的硬件来支撑，而支撑新型多天线传输的硬件，就是在基站侧配置更大规模的天线阵列。

其实，MIMO 技术在 4G 时代就已经被广泛应用了，只是 4G MIMO 最多为 8 天线，而 5G 中则会将天线数量扩展至 16、32、64、128，甚至更大的规模。因此也有人称大规模 MIMO 为“大规模天线”，如图 2-15 所示。

根据天线理论，天线的长度与波长成正比，比值在 1/10~1/4。当前 4G 手机使用的多是极频段的分米波，天线的长度往往在几厘米左右，为了手机外形的美观，它们多被安置在手机壳内的上部。

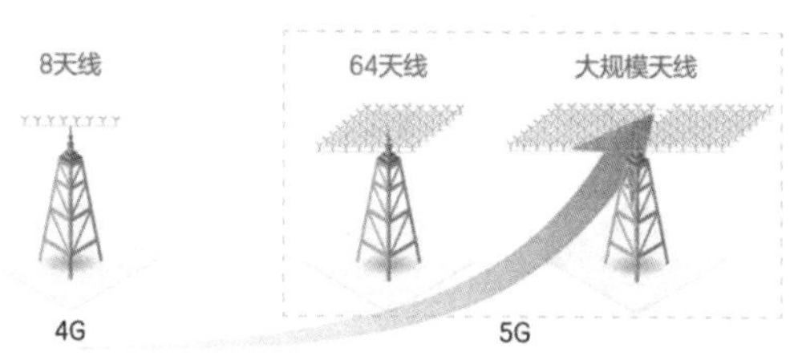

图 2-15　大规模 MIMO 顶端有多个天线

5G 时代，手机频率提升了几十倍，手机天线的长度也随之缩短，未来可能会出现毫米级的微型天线。这就意味着，手机中可以布置多根天线，甚至可以植入多天线阵列，这就给大规模 MIMO 技术的实现带来了可能。

天线的增多意味着基站与手机之间拥有了更多并行通信的信道，每一对天线都可以独立传送一路信息。这些信息在最终汇集后，可以成倍地提升信息传输速率，从而改善通信质量，图 2-16 所示。

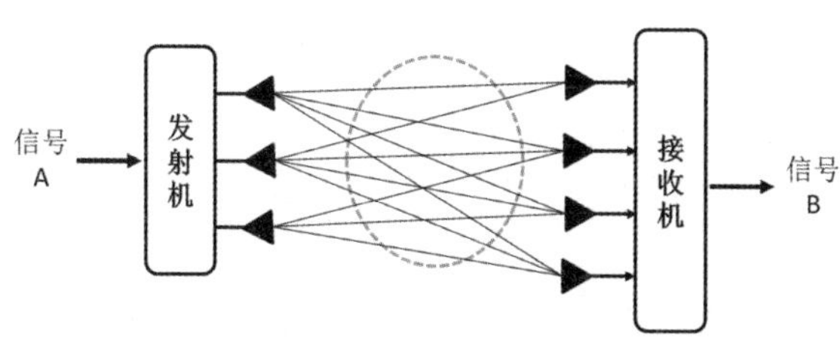

图 2-16　大规模 MIMO 下的信息传输

大规模 MIMO 虽然可以大幅度地提升频谱效率、容量和覆盖范围，但是其自身也将面临挑战，比如，其天线会更大更重，现有基站铁塔很可能无法承受负荷，再加上需要进行功率升级与回传升级。因此，未来它并不会被大规模地部署，而只适用于一些必要的站点，如重要的工业密集区、人流密集区等。

波束成形：MIMO 的灵魂

提及大规模 MIMO，就不得不提到波束成形。如果说大规模的天线阵列是 MIMO 的肉体，那么波束成形就是 MIMO 的灵魂，两者缺一不可。

传统的单天线通信中，由于基站无法确定用户的具体方位，因此在用户进行通信期间，从基站传来的电磁波是全方向辐射的，就像屋子里的电灯泡发出来的光线一样。在这些辐射中，只有到达了手机的辐射才是有用的，其他方向的辐射不仅是无用的、被浪费掉的，而且巨大的无用辐射还会干扰其他手机与设备进行通信。

而波束成形就像手电筒发射出来的光线一样，呈一束整体光，在用户与外界进行通话的过程中，辐射不仅会被智能地汇集到用户手机所在的位置，还可以根据具体通信设备的数目来构造“手电筒”的数量。比如，有 3 个人同时在 3 个位置发出了通信信号，那么便会有 5 束“光线”分别精准地投向这 3 个方向，从而使电磁波被高能量、高效率地使用。两者的对比如图 2–17 所示。

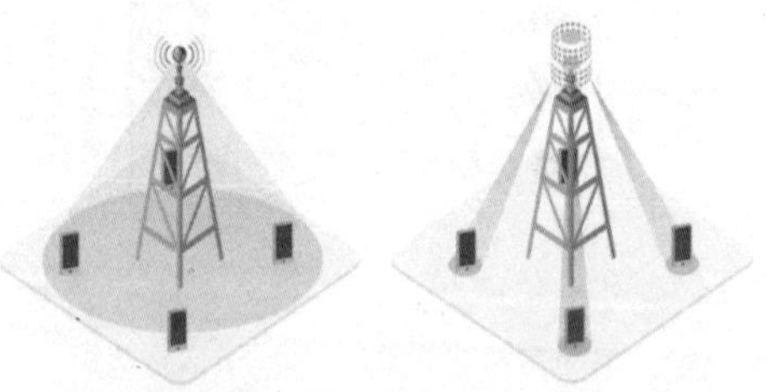

左：单天线通信方式　　右：波束成形

图 2–17　单天线通信方式和波束成形的对比

在通信系统中，天线的数目越多，规模越大，波束成形越能发挥作用。进入 5G 时代后，随着天线阵列从一维扩展到二维，波束成形也会发展成 3D 立体状态，可以实现同时在水平、垂直方向控制天线方向，进而使信号更准确地指向目标客户。

继续引申前面的手电筒比喻，3D 波束成形能使手电筒的光束跟随目标移动，保证在任何时候目标都能被照亮。

仅针对手机而言，在 5G 时代，大规模的天线阵列负责在发送端与接收端将越来越多的天线聚合进越来越密集的数组；它的灵魂（3D 波束成形）则负责将每个信号引导到可以到达手机的最佳途径上，从而提升手机的信号强度，避免其他的干扰。可以说，大规模天线阵列与 3D 波束成形共同助力了 5G 通信的腾飞。

D2D：微基站以外的补充通信模式

目前的通信网络，哪怕是两个人面对面地打电话、发信息，信号都是通过大基站中转来完成的。很显然，这样非常浪费资源。当然，目前也有一些终端设备是设备间直接通信的，比如，通过蓝牙进行数据交互，以及苹果设备可以通过 airdrop 隔空投送。不过此类技术的覆盖距离极短，传输速率也非常低，根本无法大规模地运用于 5G 时代，而 D2D（Device to Device）的出现则有望解决这个问题。蓝牙与 D2D 工作方式的对比如表 2–5 所示。

表 2–5 蓝牙与 D2D 工作方式的对比

	工作频段	覆盖范围	数据传输速率	配对方式
蓝牙	2.4 GHz	10m	小于 1 Mb/s	手动配对
D2D	通信运营商授权频段	可达 100m	传输速率更快	自动识别

由表 2–5 可知，同样是短距离无线通信技术，与蓝牙技术相比，D2D 的信道质量更高，传输速率更快，应用场景更广泛，更能满足 5G 超低时延的通信特点。

D2D 即设备到设备，是邻近的终端设备间直接通信的技术，一旦科技的发展推动D2D通信链路大批量建立，那么每一台终端设备之间都可以相互通信。由于不需要经过基站的干预就可以通信，因此将极大地提升频谱资源的利用率，同时也可以使通信网络更智能、更高效。D2D通信方式与一般通信方式的区别如图2-18所示。

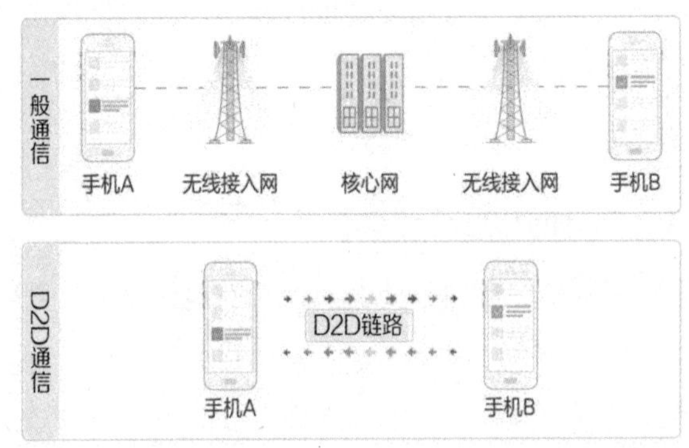

图2-18　D2D通信方式与一般通信方式的区别

值得一提的是，D2D的“D”既可以是手机，也可以是配备了5G通信功能的电脑、汽车、微基站等其他机器终端，这就使D2D通信方式在未来有可能发展成5G时代大规模机器通信业务的关键技术，如图2-19所示。

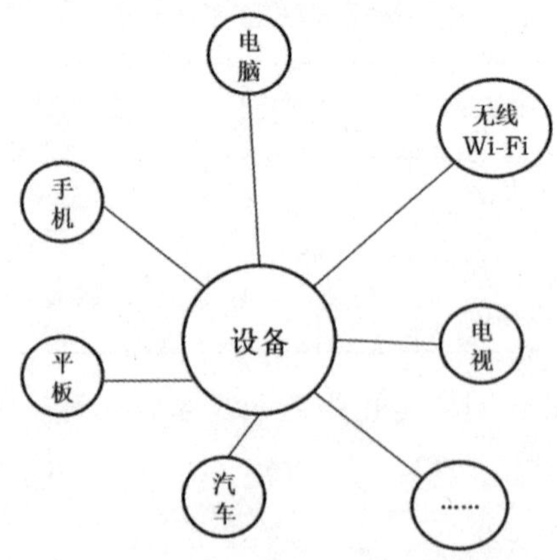

图2-19　D2D未来将促成万物互联

一旦手机或其他终端拥有了可以实现 D2D 的设备，那么它们就能在“D2D 通信”与“一般通信”两种模式间切换。比如，在下班高峰期的地铁上，手机会根据用户拨打电话的对象的具体距离、通信质量在两种模式间进行切换。

理论上，D2D 可直接覆盖 100m 以内的通信，同时 D2D 终端也可以充当网络中转站，帮忙转发信息，进一步扩展、优化通话质量与范围。

所以有了这种技术做基础，在 5G 时代，过去那种在演唱会现场、上下班高峰期的地铁上打不通电话的场景将再也不会看到。手机一旦跳出网络覆盖范围，D2D 功能可以帮助我们把他人的手机、电脑甚至汽车、地铁本身变成中转站（只要它们带有 5G 通信功能），从而实现通话，如图 2-20 所示。这样一来，既节约了大量的空中资源，也减轻了基站的压力。

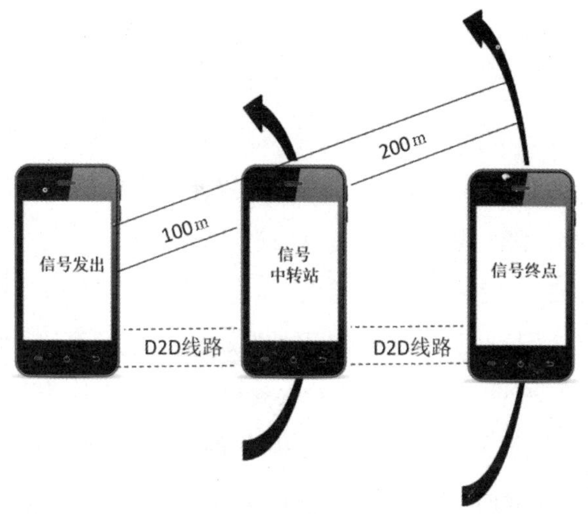

图 2-20　D2D 线路能将其他设备变成中转站

未来带有临近通信特征的 5G 机器终端将大幅度增加，基站式传统通信方式则很难应对这种海量的数据传输需求，而 D2D 作为补充通信模式，将成为 5G 时代万物互联的新途径。

5 关于 5G，我们必须搞清楚的四大误解

每一种新生事物刚刚出现时，人们在最初的接触阶段对它的判断往往是存在偏差的。这种偏差一般可以分为两种：一种是过分地赞誉与褒奖，另一种是误解式地批评。这两种情况在 5G 发展时期都出现了，下面就是一些常见的对于 5G 的误解。

5G 会马上取代 4G 与 Wi-Fi

2012 年，大数据显示，全国手机接入移动互联网最多的是 2G 网络。但如今 4G 网络已经完全普及，特别是 VOLTE 高清通话功能的诞生，让 4G 不仅可以承接网络数据，还可以承接语音信号，能够做到上网和通话互不干扰，通话时不断网，这是 3G 和 2G 无论如何也无法做到的。因此，2019 年年初，国内的各大运营商皆先后表态，会逐步关闭 2G 甚至 3G 网络。

如今 5G 概念大热，5G 时代已俨然在望。那么在 5G 技术普及后，4G 是否也会如 2G、3G 一样被淘汰呢？在技术专家看来，这样的问题就好比“飞机那么快，我们还需要高铁吗？”一样。

在未来很长一段时间内，4G 会与 5G 共存。这与 5G 的发展初衷有关：5G不是为了“干掉4G”而产生的，而是为了“让通信更高效”而研发的。

首先，从 20 世纪 90 年代开始大规模建设的 2G 网络，到眼下的 4G，不管是带宽还是传输速率，通信网络都一直在提升。而 5G 就是在前者的基础上发展而来的，其根本作用是给万物互联的智能大系统“铺路”。未来在智能世界中，5G 只是作为一种基础设施而存在的，其真正的“用武”空间并非只是在消费领域，而是更多地体现在全面提升人类的生存体验上。

其次，5G 的发展并非一蹴而就。2019 年 6 月 6 日，中国工信部正式向联通、移动、电信、广电四家公司发放了 5G 牌照，而牌照的发放只是意味着运营商获得了国家允许其进行规模化网络建设的许可，后续还需要新技术的上马与铺垫、现有网络的优化、手机与各类终端设备的适配出新等。可以这样理解：牌照的发放只是开始，5G 真正走入人们的生活还需要很长的一段磨合期。因此，它在短期内不可能完全替代 4G。另外，手机上网、收发网络信息、远程控制家电等，都是太过简单的工作，完全换用 5G 网络未免过于大材小用。

目前 5G 正处于筹建阶段，不管是国内还是国外，运营商们都不会重新部署一套 5G，因为那样做花费太大，周期太过漫长。而立足于现有的 4G 基站资源，则可以实现非独立组网模式，既可以利用现有的 4G 容量与覆盖，又可以实现 5G。

因此，从 4G 到 5G 是一个平和演进、并行共存与缓慢替代的过程，我们所说的“万物互联”的 5G 时代还需要一定的时间来实现。在未来很长一段时间里，我们依然会使用优质的 4G，并逐渐过渡到 5G 时代。

同理，与“5G 将取代 4G”的说法一样，“5G 将取代 Wi-Fi”也是无稽之谈。过去的 20 年间，蜂窝网络与 Wi-Fi，一个从室外走向了室内，一个从室内走向了室外，二者相辅相成，共同承担起了无线流量。目前蜂窝网络正在从 4G 向 5G 演进，而 Wi-Fi 技术也并非停滞不前，它也在不断发展中。

就如我们之前所说的一样，5G 高频段信号在传播过程中会出现各种损耗，因此它很难走入室内。这就使得室内覆盖存在了极大的短板，可是在未来，室内通信是不可绕开的。因此哪怕是在 5G 时代，Wi-Fi 依然是不可或缺的存在。只有两者联手，才能做大、做强无线生态规模，“万物互联”的愿景才有可能真正实现。

5G 投资一定大，资费也必然贵

正如我们之前所说的，5G 早期会利用已有的 4G 资源进行部署，仅此举便可极大地降低运营商的投资成本。

“5G 投资大”的情况或许在某些地区也会出现，因为 5G 需要大规模 MIMO 来提升速率，而使用大规模 MIMO 则需要建设更多的小基站——当然，这需要视运营商的具体部署方案来定。比如，在人流密集的地方，的确需要加大投资成本。

关于 5G 的资费，肯定比 4G 便宜，因为 5G 的频谱效率是成倍提升的，这就会造成每字节的下载成本会成倍下降。4G 时代出现的价格战未来同样会在 5G 时代出现，因此 5G 资费肯定不会高于 4G 时代。

而且为了适用于多样化的应用场景，5G 本身已自带了网络切片功能。因此，未来 5G 的资费很可能是基于不同场景而采用多样化的标准。比如，在城市里看电影的资费、微信聊天的资费、自动驾驶的资费与在工厂中自动化生产的资费，标准肯定是不一样的。

5G= 小基站

更高的频段，意味着无线信号的覆盖范围更小。因此需要建设更多的基站，这也是为什么 5G 需要建设小基站的原因。

不过就像我们之前所说的那样，5G 本身并不存在频谱资源，它在低、中、高频段皆可部署。这就意味着，未来 5G 既会有传统的大基站，也会有小基站，如图 2–21 所示。其运作模式可能是这样的：在考虑 5G 全覆盖时，低频段建设大基站做覆盖层，中频段用小基站或大基站做容量层，高频段用小基站来做高容量层（热点）。

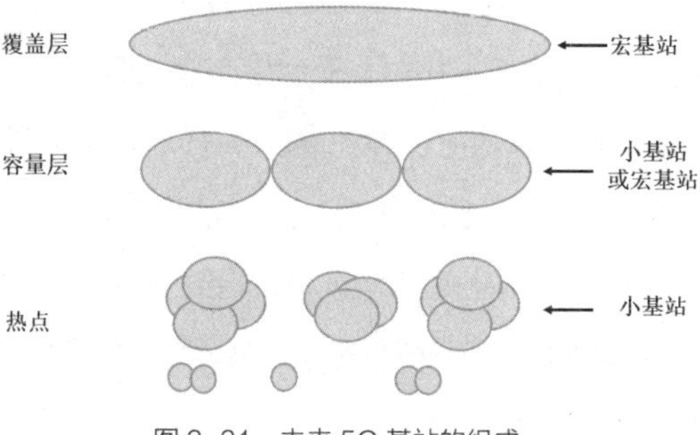

图 2-21　未来 5G 基站的组成

由图 2-21 可知，5G 中的微小基站并非全网部署，宏基站依然是 5G 中重要的基础设施。再者这也牵涉到了成本问题：全部部署成微小基站是需要巨大成本的。但在现有的 4G 资源下，宏基站与小基站已大量存在，根本没有必要做重复建设。

5G 是“吃力不讨好”的过渡产品

有些人认为，4G 的速度已经很快了，5G 与 4G 相比，只是在速度上有所提升，再加上 5G 使用超高频，需要更大的投资。因此 5G 很可能会“吃力不讨好”，而且可能只是过渡产品。

这种观点之所以是错误的，是因为它低估了 5G 未来的潜力。很多科学家都认为，5G 很可能会引发第四次工业革命。因此，在与 5G 相关的重要领域内，5G 必然会成为未来衡量某一国家国际竞争力的重要指标。

以严谨著称的德国有关专家早就表示，5G 是一种可以引发生产与生活方式革命的基础设备。德国早已开始建设 5G，并将之当成智能制造与人工智能的助推器。那种认为 5G 只是为了“让大家上网、看电影时的信息传输速率更快”的观点更是浅薄的。未来 5G 很可能仅有 1/5 被运用于人与人、人与物之间的通信方面，另外 4/5 会被运用于物物通信方面，即“万物互联”。

依托于自身可以超多连接、密集覆盖的特点，5G 在未来大有可为。比如，在一家智能制造的工厂中，上千台生产设备都安装了5G通信模块，不同功能的机器之间可以随时交流，像人一样，可以根据合同订单的具体情况来掌握各自的进度、调整供料，并灵活地改进每一个生产流程。

在这一过程中，5G 网络就如同人体的神经网络一样，所有的人工智能、智能制造与物联网都紧紧依附其上。5G 网络的“神经”越发达，功能自然越强大。可以预见的是，我们未来的生活与生产都会因 5G 而变得更智能。如果说 4G 改变了我们的上网速度，那么 5G 则会改变人类的生存方式。

6 真正的 5G 用例是什么样子

作为未来智能化社会的基础设施，5G 不仅需要服务于个人用户，还需要满足各行各业数字化、智能化与智慧化转型的需求。但是，在“万物互联”的大背景下，不同场景对网络的功能、性能往往是有着不同需求的。

网络切片的本质是提升“差异化 + 确定性”的服务

网络切片，即根据不同业务需应对的用户数、带宽要求、时延要求的不同，将物理网络切成多个相互独立的网络。

如果将 4G 网络比喻成一把只能削皮的水果刀，那么 5G 网络为了满足多样化的业务需求，通过网络切片技术将自己变成了通信网络里的“瑞士军刀”，切的内容正是不同场景下的数据业务需求。

5G 与 4G 的发展目标不同。相比 4G 时代的个人用户单一的流量需求，5G 承载的是“信息随心至、万物触手及”的宏伟目标。它是为未来人、机、物之间实现“三元互通、灵活交互”而诞生的。当 5G 的应用场景由单纯的人与人之间的通信，以及人与机之间的通信、信息服务，扩展至人与物、物与物之间的通信与控制时，大规模接入便成为随之而来的突出需求。

在典型场景中，5G 将面对每平方千米约 100 万个连接的大接入规模，或者是每平方米 6 个以上用户的密度。更重要的是，人、机、物之间的交互，存在高度复杂、相互关联但差异化又极其明显的接入业务需求与流量特点。

工业控制场景中，业务中断有可能会导致巨大的财产损失。因此网络必须提供 1ms 的延时，以及极高的安全性、可靠的确定性保障。

车联网中，由于自动驾驶存在预防碰撞的需求，而该需求又涉及人身安全。因此需要极低时延，以及近乎 100% 可靠的网络支撑。

VR/AR 应用主要是为了提升个人的网络消费体验，虽然对时延要求不高，但要求网络具备超过 1G 带宽的能力，否则会影响到体验效果。

物联网数据采集类业务虽然对网络带宽与时延要求不高，但是要求 5G 必须具备每平方千米 100 万海量接入的能力。

远程医疗、智能电网、智慧化生产工厂等不同场景，都对 5G 提出了近乎苛刻的要求。这些需求对于时延、带宽的要求都不同，若为每种业务需求都独立建起一个新网络，那么成本必然是惊人的。所以受成本所困，5G 的发展也必然受阻。可是，用同一个网络去满足所有的业务需求不仅不现实，而且存在较大的隐患。

5G 网络就是为了满足多连接、多样化的业务需求而生的，因此它本身就需要变身成“积木”：可立足不同的业务需求进行灵活的部署，满足生活、生产领域日益增长的差异化业务需求。

“既能分类管理，又可灵活部署”，网络切片的概念应运而生。

按需组网是最大化利用现有资源的必然结果

网络切片的本质是在保证确定性、可靠性的情况下来“按需组网”。它可以让运营商在统一的基础设备上切出多个虚拟的、端到端的网络，每一个网络又可以为业务的需要进行分类定制，并能保证数据的交互性以及速率的隔离性，从而保证每种网络都能安全、可靠地运作。网络切片的优势如图 2–22 所示。

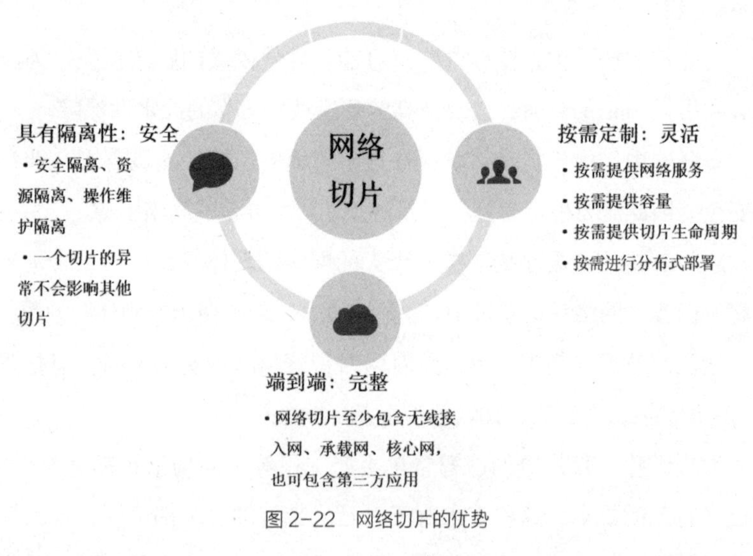

图 2–22　网络切片的优势

从运营、维护与管理的角度来看，我们可以拿老例子来打比方，将通信网络想象成我们的交通系统，用户是车辆，网络是道路。随着车辆的不断增多，城市道路变得日渐拥堵。为了缓解这种情况，交通部门根据车辆与运营方式的不同，进行了分流管理。同理，为了对不同业务需求进行分类管理 —— 为了解决差异化与建网成本之间的矛盾，5G 网络切片成为必然。

从业务应用的角度来看，前人花巨资建设起来的 2G、3G、4G 网络，仅实现了单一的通话或上网需求，受限于频率与频宽，它们根本无法满足因为数据业务爆炸式增长所带来的新业务需求，因为传统网络就像混凝土搭的房子，一旦建好，后续改建或是拆建难度都很大。

而按需组网则实现了运营成本与市场需求之间的平衡，既可以满足已有资源的最大化利用，又可以满足用户的差异化需求。

网络切片的运作模式

网络切片的前提是，先将不同的模块做统一，然后分配管理。这就像用切片面包制作三明治一样。首先把面粉、鸡蛋、牛奶等多种原料糅合、发酵、烤制成一大块完整的面包，然后才能切片，不同的切片再通过不同的技术组合成美味的三明治。

5G 实现这一“先统一再分配管理”的过程，就是利用 NFV 和 SLA 技术实现的。

NFV：通过虚拟化对资源重组

NFV 的全称是 Network Function Virtualization，即大名鼎鼎的虚拟化，这一名词我们在使用电脑的过程中曾经多次听到。简单来说，就是随着计算机服务器处理能力的大幅度提升，计算机开始有“余力”拿出一部分资源作为虚拟化层，将电脑里的 CPU、内在资源、硬盘、网卡等进行统一管理、按需划分。

在通信网络中，这种虚拟化同样存在。以核心网为例，NFV 把传统网络中的存储、网络资源等分成硬件、软件两个部分。硬件部分由服务器统一部署；软件部分由不同的网络功能来承担，从而满足灵活组合业务的需求，如图 2-23 所示。

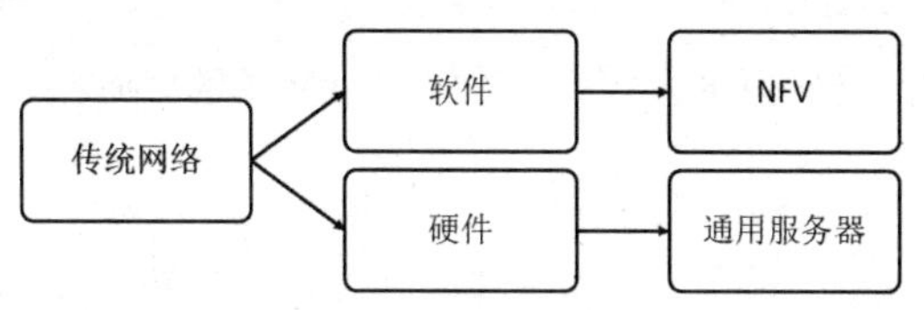

图 2-23　通信网络中的软、硬件部署

此时我们便可以理解“切”的概念了，从逻辑上来说，它其实就是对资源的重组。

SLA：不同类型的通信服务

NFV 对资源的重组是立足于 SLA（Service-Level Agreement，服务等级协议）来完成的。

SLA 包括用户数、QoS、带宽等参数，不同的 SLA 定义了不同的通信服务类型，工业场景与生活化场景中的SLA是截然不同的，如图2-24所示。

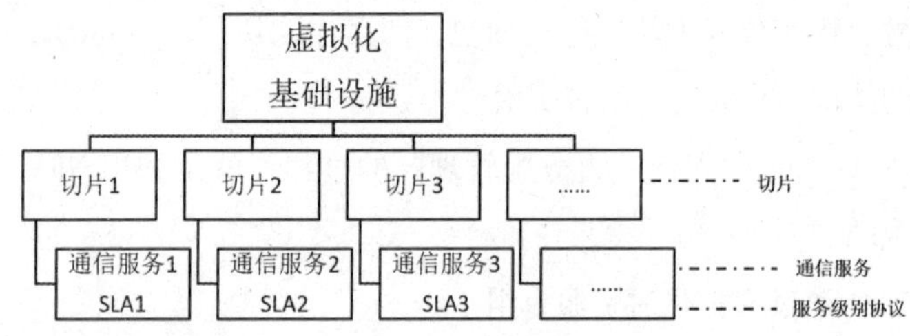

图 2-24　通过切片对资源进行重组

在前文中曾经提及，5G 定义了三大应用场景，即 eMBB、uRLLC、mMTC。这 3 个不同的场景，对应的便是 3 个不同的切片。

我们可以把整个网络切片理解为乐团，NFV 就是编曲者，它能从乐器、音色等（这些对应 SLA）角度对乐曲进行编排，从而奏出一曲曲美妙的乐曲。

当然，5G 网络切片绝不仅限于上述三大应用场景，运营商可以根据不同的应用场景，将 5G 网络切出多个不同的虚拟网络——此举其实是一物多用。切片越多，可承载的应用越多，人类的生活会越舒适便捷，而由此产生的网络价值也会增长，投资回报自然也会随之增加。

第三章

CHAPTER 3

用户：从 5G 开始，变身“头号玩家”

2018 年的电影《头号玩家》所展示的场景中，人类除吃、喝、拉、撒、睡这一类的生理需求外，上学、上班、恋爱、举行婚礼……这些事情都可以通过虚拟场景来体验，而且与现实世界几乎无差别。于是有专家指出，电影《头号玩家》正是 5G 竭力营造的未来。

1 一部手机完成所有事，连 App 都变成可选项

虽然电影展示了未来，但回归现实我们会发现，眼下 5G 还未出现用户方面的积极用例。因此，5G 对普通用户所产生的积极作用并不明显。很多媒体甚至认为，在 4G 足够用的情况下，5G 对于普通用户而言毫无意义。这种论调正确吗？

答案当然是否定的。虽然目前 5G 用户在手机上的使用行为与 4G 时代并无太大差异，但从通信行业的发展来看，在 5G 腾飞时，人们可以更自由地行动，很多固定场景也将具备移动特征。随着折叠屏终端等设备的普及，4G 时代掌控人们使用手机的时间的 App 将退出潮流。

科技界对 5G 抱持的乐观态度

倾听一下来自产业端大佬们对 5G 的看法，你会发现，他们对 5G 的界定各有不同。

诺基亚的 CTO 马库斯·韦尔登认为，5G 是一个架构完整的、端到端的解决方案。

英国萨里大学“5G 创新中心”主任拉希姆·塔法佐利认为，5G 整合了用户、新无线通信、核心网、互联网及 5G 独有的架构。

致力于推进移动数据网络智能化的 Affyrmed Networks 公司的创始人哈桑·艾哈迈德则认为，5G 是一组新的、增强式的场景模式，它围绕着规模、可靠性与延迟、位置感知展开，是一种全新的无线通信调制方案与模式，它通过标准化的网络切片，以及可实现的核心网络架构云来实现数据本地转换。

即便对 5G 的界定尚不明确，但毋庸置疑，5G 依然是当下科技与通信界最重要的命题之一。

运营商、芯片公司、手机厂商、汽车企业……与以往所有的新科技

一样，大家把 5G 想象成了海浪，浪潮来了，财富来了，要赶快下海，否则就会错过机会！于是乎，每一个有份儿分得一杯羹的企业都对 5G 抱以积极参与的态度，并且向自己的用户展示身为经营者最大的特长：对未来保持乐观。

在 2018 年的全球电子消费展上，美国第一大电信运营商 Verizon 公司的 CEO 汉斯·韦斯特伯格手持一台 iPad，在大屏幕上展示了 5G 的惊人力量：他远程控制一架无人机起飞，屏幕上展现的是无人机拍摄的实时画面，此时屏幕左下角的状态显示，5G 网络的连接速度高达 900Mbps——当时汉斯先生身在拉斯维加斯，那架无人机身在 400 多千米外的洛杉矶。

汉斯先生的目的是让大家见识到“5G 改变一切”的力量，按他的说法，这将是 4G 以后量子级的飞跃。

不过包括汉斯先生在内，没有人能够预测，5G 会在消费者当中产生多大的“水花”。

激起用户的积极反馈成为 5G 发展的关键

Ovum 是一家在世界电信产业界富有权威性的中立咨询顾问公司，它在 2018 年曾对 5G 进行过预测，它表示，5G 对普通使用者最大的影响在于，从 2020 年 5G 大范围商用开始，消费者将从 4G 网络中转移出更多的消费与娱乐支出，比如，固定无线接入、视频、音乐、游戏交易和广告收入，以及在 4G 时代已经实现但体验不佳的 AR、VR 和云游戏产生的收入。

这种片面而低调的开始，部分是因为 5G 的开发状态。虽然 5G 展示出了更快的数据下载速度，但是与 4G 相比，目前的 5G 网络还未开发出最令人兴奋的、差异化的功能。比如，在超低延迟、网络切片这些方面并没有明确的、颠覆性的消费者用例——这种颠覆性的用例应该像微信与支付宝改变支付方式、苹果手机改变整个手机产业链条一样，但5G尚未出现此类用例。

自划时代的iPhone推出以后，如今手机的推出再无“绝尘”之举，而是呈现出渐进状态，这意味着未来在手机这一与消费者关系最为密切的终端设备上升级换代的理由越来越少。而这一事实对于设备生产商来说是一个极大的考验：5G要如4G一样被人们广泛接受，就必须出现能够带来更高兴奋度与全新刺激的终端设备（有关制造商所面临的挑战，随后会谈及）。

但如果我们忽略这一点，仅站在5G能够带来的生态系统的角度来看，实验室中表现出色的各种用例终将落实到现实世界中，我们需要做的是，确定它们是否能成功激起用户的积极反馈，而这种反馈将使与5G相关的设计迭代成为可能。

用户看5G手机=手机体验+具体资费

什么是积极的反馈？积极的反馈不仅表现在手机性能方面，更表现在资费方面。

手机本身带来的积极体验会刺激用户消费

2019年，在西班牙巴塞罗那举行的世界移动通信大会的开幕式上，一加手机厂商在现场展示了自家生产的首款搭载了高通最新的骁龙855移动平台的5G手机。参会者通过这部手机，可以在现场的5G环境中体验到稳定、流畅的5G云游戏。

一加CEO刘作虎先生在现场模拟了5G云游戏的未来场景：玩家只需要一部智能手机与一个游戏手柄，便能随时体验从前只能在PC端畅玩的大型游戏。通过强大的云处理功能，此类游戏不仅无须下载，而且还可以实现高清画质与极低延迟。

“5G 网络下，速度、延迟和网络容量方面的显著改善，可以真正实现云游戏服务。你只需要随身携带一加手机，就可以在任何地方玩大型游戏。”这是刘作虎先生对于 5G 时代的手机的描述。

2019 年下半年已经有 5G 手机零星上市。2019 年 8 月 5 日 0 时，中兴天机 Axon 10 Pro 5G 版正式开售。这是我国国内首款正式开售的 5G 手机，该手机的上市标志着我国消费者从该日开始，可以真正购买与使用 5G 手机。主流厂商 5G 手机的推广计划如表 3–1 所示。

表 3–1 主流厂商 5G 手机的推广计划

	2019 年					2020 年
	2 月	一季度	四季度	上半年	下半年	
三星	√				√	
荣耀	√					
华为	√	√				
小米		√				
联想		√			√	
LG		√				
一加		√				
中兴			√			
OPPO			√			
VIVO			√			
HTC				√		
Google					√	
苹果						√

根据有关专家的预测，在2020年5G手机会大规模上市。当然，成为科技尝鲜者要付出的代价从来不会太小。目前5G手机的价格仍相对较高，而到了真正规模商用阶段，其价格可能会降至千元级。

5G资费的高低将决定是否产生普及性消费

除购买手机产生的费用外，5G手机与之前的手机一样，也需要每月付费使用。截至2019年8月底，中国手机三大运营商尚未确定5G网络的资费标准，但从国外已公布的数据来看，5G网络早期的价格可能会较高。比如，韩国运营商LG Uplus的定价为每月4.95万韩元(约合人民币300元)，限流10GB；芬兰运营商Elisa的定价为每月50欧元（约合人民币400元），不限流量（不同套餐可能会有差异）。

不过，随着5G手机技术的成熟与商用的普及，5G资费会不断下降。中国联通方面曾表示，将尽最大可能将费用控制在0.5元/GB以内，否则在4G够用的基础上，除了科技尝鲜爱好者以外，普通用户很可能不愿意为5G手机付费，因为对于普通消费者来说，降费就是最实在的影响。

2 5G时代，韩国用户成为首批尝鲜者

2019年4月3日晚11点，韩国SKT、KT、LGU+三大运营商正式开始面向消费者开通5G商用功能，这也使韩国成为全球首个开通5G商用的国家。值得一提的是，仅在两个小时之后，美国最大的移动运营商Verizon也宣布开启商用5G。

不过，美国的Verizon、AT&T两大运营商只拿到了5G毫米波频段，因为单个基站的覆盖范围有限，若是扩大规模，则需要大量的投资。所以美国运营商初期只是在热点地区部署5G客户端设备和家庭路由器，与韩国的“大干、快上”比起来显得“弱爆”了。

韩国的5G商用进展得如火如荼，截至到2019年6月10日，在短

短 69 天的时间里，韩国 5G 用户已经突破了 100 万。要知道，韩国只有 5164 万人口，也就是说，5G 渗透率已经接近 2%。其中，SKT 以 40% 的市场份额暂时成为韩国 5G 市场的领头羊。

这一数字证实，5G 在韩国的普及速度要比 4G 更快。当年，韩国启动 4G 时，三大运营商齐齐发力，整整花了 80 天时间，4G 用户的数量才突破了 100 万大关。这也充分说明，韩国消费者对于 5G 的到来非常欢迎与认可。

更快的网速促进更多的运用

2019 年 6 月，美国著名的市场数据研究公司 Strategy Analytics 从韩国电信部门的数据中发现，在推出了商用 5G 以后，韩国移动用户 5 月份的平均 5G 移动数据使用量达到了 24GB，同期 4G 用户的平均使用量是 9.1GB，前者是后者的 2.6 倍，更达到了整体市场平均值 7.4GB 的 3 倍多。

Strategy Analytics 发现，如果单独对比不限量套餐计划，那么 5G 用户的月消耗移动数据量也更多：5G 用户为 27GB/ 月，4G 用户为 23GB/ 月。

这家研究公司在报告中还称，截至 6 月底，韩国 5G 用户总量达到了 134 万，占据了该国整体通信市场的 2%，但恰恰是这看似微不足道的 2%，却消耗了 6.4% 的移动数据流量。

根据最新的数据显示，韩国的 5G 网速比 4G 快了 1.7 倍。这一数据虽然远未达到 5G 测试时的理想峰值，但依然对用户产生了巨大的吸引力。电信行业有一个专家们都认可的客观事实：只要你为人们提供更快的网速，他们便能找到使用的方法。这种情况也的的确确在发生。虽然由于韩国电信部门对本国数据流向的保护（其他国家也一样，运营商们会谨慎地保护这些信息），我们无法得知人们将这些流量具体用在了哪里，但是可以确定的一个事实是，在 2019 年开始使用 5G 的韩国用户，显然是最新最佳技术的早期用户。

韩国 5G 普及速度快的背后原因

发生在韩国的一切证实，未来在中国同样有可能发生的事情是，5G 的普及速度很可能要比 4G 的普及速度更快。这也充分说明，在网速明显提升的感受下，消费者们对 5G 的接受度会大大增加。

为什么韩国的 5G 普及速度会这么快？综合分析，可能有以下四大原因。

网络建设速度快

截至 2020 年 2 月，SKT、KT、LG U+ 三大电信运营商已经在韩国建成了 9 万多个 5G 基站，在 5G 覆盖率上，韩国牢居全球首位。

韩国 5G 网络建设得快，与韩国通信企业的发展不无关系。三星、LG 皆为韩国之光，而这些企业早在 4G 时代便已对电信设备与终端进行了多方部署，对于立足于 4G 发展的 5G 来说，这无疑有着重大的影响。

另外，与中国地广人多的人口分布情况不同，韩国人口高度集中在首尔、釜山等城市，这使得运营商只需要在韩国国内几大重要城市建设基站，就可以覆盖韩国一半以上的人口。

更重要的是，韩国将 5G 纳入了国家发展计划。在 2019 年 12 月 5 日，韩国政府宣布成立“5G+ 战略委员会”，并决定集中国家力量支持 5G 相关产业向海外市场发展。在此背景下，韩国三大运营商也斗志满满：从 2020 年开始，SK 电讯将全面扩展、升级 5G 服务体验空间 5GX Boost Park；KT 正在推动开通 28GHz 频段；LG U+ 则在未来 5 年内，对 5G 相关文化内容领域投资 2.6 万亿韩元（约合人民币 154 亿元）。

手机补贴额度高

想享受5G网络，就必须换5G手机。为了提升人们换手机的热情，韩国运营商可谓下了血本。仅拿LG V50 ThinQ这款5G手机来说，本来其售价当时为120万韩元（人民币7000元左右），在销售过程中，运营商补贴了一半，并附赠了流量与额外的使用补贴，这相当于将消费者换机换网的成本降低了2/3。在如此大的补贴力度下，消费者的积极性自然会提高。

资费与4G相比不算高

从韩国三大运营商在2019年6月提供的5G资费数据来看，基本都分成了三四档。其中，最低的1档每个月只需要5.5万韩元（约320元人民币），不过，该档每个月仅有8G高速流量，超量后便会限速至4G。

从2档开始，基础流量高达150G，一般消费者看电影、玩游戏足够用。而且为了刺激消费，运营商KT还推出了不限量资费套餐，月租费甚至比4G不限量套餐还要便宜一些。

价格相当，网速却快了近两倍，自然吸引了大批消费者转网5G。

内容更丰富

有了超快网速，相应的就必须有它的用武之地。为了让消费者实实在在地感受到5G高速的好处，韩国运营商专门针对AR、VR、游戏推出了基于5G的内容与平台活动。比如，SKT为早期加入的5G用户提供了有时间限制的、免费的VR、4K视频及手游。这种免费且丰富的内容，大大刺激了消费者的欲望。以LGU+为例，其5G用户日均流量消耗为1.3GB，是4G用户的3倍。

一方面，人类体验有向优的不可逆的特性，“由俭入奢易，由奢入俭难”便是典型；另一方面，用习惯了大屏手机，再转用小屏手机就会很难，网速体验上同样如此。体验过5G的高速快感，就很容易对4G网速产生不满，这也是运营商的策略之一。正如他们所料想的，早期的5G流量中有20%以上的流量是通过VR和AR消耗掉的。

由于文化相近，消费习惯也相似，韩国运营商所获得的5G头彩，其实对中国5G的发展也有积极的启示意义。

3 有关5G，中国用户最为积极与乐观

韩国用户对5G抱有高涨的热情，中国用户对5G同样抱持了乐观的态度。虽然眼下中国5G没有明确的积极用例出现，但这并不妨碍中国消费者对5G形成积极认知。

中国消费者对5G抱持了超乎寻常的热情

2019年5月，爱立信消费者实验室ConsumerLab发布了题为《5G消费者的潜力》的报告。该报告着眼于5G造福消费者的潜力，对来自22个国家、年龄在15~69岁的智能手机用户进行了高达3.5万次的采访，同时，更对相关学者、电信运营商、手机和芯片制造商、初创企业和智库高管在内的专家进行了22次采访。其采访对象身份之丰富，让这份报告足以代表大多数人对5G的看法。

调查结果显示，在5G认知度较高的市场中，中国为首，韩国、美国、意大利与沙特阿拉伯次之。所有接受采访的智能手机用户中，有70%的用户对即将到来的5G体验感兴趣，而有40%的用户希望在未来一年（2020年）能看到其所在市场上全面推行5G。

中国消费者对5G的热情，很可能是源于国家的大力推行及5G与中国企业之间密切的关系。华为、中兴等企业在5G方面的杰出表现，使中国人为之骄傲，也正是因为有了这些中国企业的大力宣传与推行，才使中国消费者对5G的认知远超其他国家的消费者。

立足这一实际情况，再结合2018年8月由艾瑞咨询公司展开的一项

有关 5G 发展的跟踪研究，我们会发现，中国消费者身上出现了一个有趣的现象。在其他国家，与“移动宽带体验”相关的关键词是消费者关注的重点领域，但面对这一与消费者密切相关的领域，在中国消费市场上，消费者最关注的 5G 词汇大部分与产业相关，比如，“技术”“通信情况”“芯片”“人工智能”等，如图 3–1 所示。

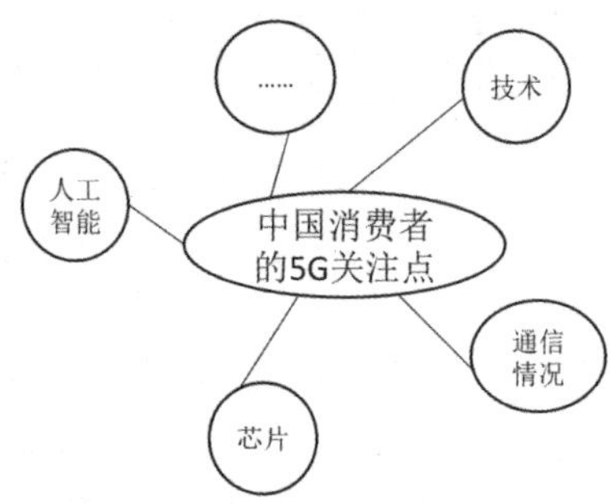

图 3–1 中国消费者关注的 5G 词汇多与产业相关

这种情况在业界被称为“专业消费者的热情”。所谓“专业消费者”，指的是科技爱好者、创业板或科技股的投资者，他们都属于此类专业消费者。因此，未来与 5G 相关的投资领域和产业发展自然会引发这批人的热情。

当然，这并不代表普通消费者对 5G 毫无兴趣。事实上，在诺基亚于 2019 年展示的一项调查中显示，有 60% 的中国 4G 消费者愿意成为 5G“吃螃蟹者”，仅次于美国的 61%。考虑到中国人以往面对新鲜事物的谨慎态度，以及 5G 眼下对消费者的意义尚未明确的情况，这些用户无疑对 5G 抱持了巨大热情，而这股热情也是决定中国 5G 未来必然会获得长足发展的关键。

5G 部署决定中国 5G 全普及是一个漫长过程

当然，这一发展过程必然是漫长的。如今，中国 5G 网络的现实部署大多发生在一线城市，比如，作为5G覆盖的“排头兵”，北京、上海、广州、深圳都在稳中推进城市中心区域覆盖（见图3–2）。

北京

- 2019年，已实现五环内全覆盖
- 2022年，计划实现首都功能核心区、城市副中心区、重要功能区、重要场所覆盖

上海

- 2019年，已实现外环内中心城区室外基本全覆盖

广州

- 2020年，正全面推进大规模商用

深圳

- 2019年，已实现全市各区的中心覆盖

图3–2　一线城市5G覆盖进度表

深入了解中国运营商的5G部署情况，我们会发现，他们的5G普及的确是正在路上。

5G部署，三大运营商齐发力

目前，国内三大运营商都已亮出自己的5G计划，相同的是2019年预商用、2020年规模商用，都是在北京、上海等地的17个城市试点5G。

不过，在5G终端策略上，三大运营商的侧重点却各不相同。

中国电信：坚持5G全网通和布局泛智能终端生态

（1）坚持5G全网通。

全网通+AI统一体验将成为中国电信1~2年内，4G向5G升级的核心终端战略，并且将为5G时代的终端体验奠定基础，以期借此提升电信用户的换机忠诚度和使用黏性。

（2）全面布局泛智能终端生态。

5G 时代的到来，必然会带来巨量的、不同种类、不同体验的终端设备，因此，电信也明确了终端多元化的策略。

2019 年 9 月，十一届天翼智能生态博览会上，中国电信宣布与全产业链合作伙伴携手共筑 5G 生态圈，并在该次博览会上签约了多达 4000 万部的终端合作。

大规模签约泛智能终端设备的背后，是电信为各行业赋能的决心：2019 年 5 月 15 日，电信成立了 5G 创新中心，重点研究 5G 与 AI、大数据、区块链的协同。同时，更在逐步推进包括北京、上海、广州在内的 17 个城市的规模试验。

由这些表现来看，中国电信在这场 5G 竞赛中未来可期。

中国联通：5G 终端先发，并在 5G 时代弱化终端补贴

中国联通已经获得 3500MHz~3600MHz 共 100MHz 带宽的 5G 试验频率资源，这是全球主流的 5G 频段。

有了频谱做加持，中国联通在 5G 终端方面则具备了优势。因此中国联通表示，全球发出的第一批 5G 终端，只要国家颁发入网证，中国联通必将先发。

同时，中国联通并不会如韩国运营商那样，进行大规模的终端补贴。相反，中国联通认为，走终端补贴这条老路并非长久之计，因为最终会对用户选择造成直接影响的是通信网络的品质与服务。

为了避免因“不走终端补贴”而造成用户流失，中国联通从 2019 年开始，便已经开启了截至 2020 年年底、高达 210 亿元的资金计划，全面展开三大赋能，以期激活 5G 终端市场，如图 3–3 所示。

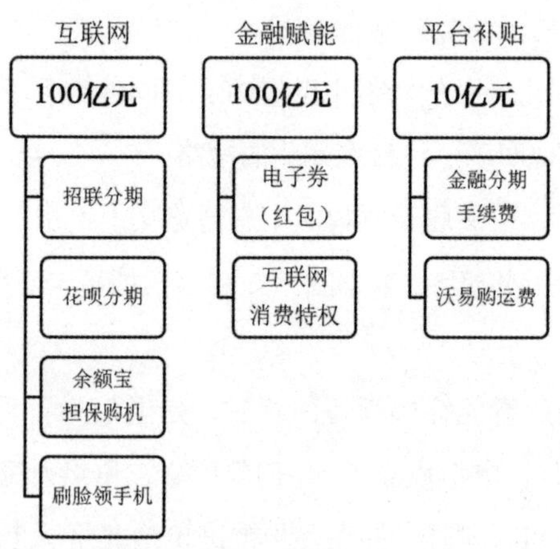

图 3–3　联通预计在 2019—2020 年花费 210 亿元推广 5G

中国移动：推行 5G 终端先行者计划

早在 2018 年中国移动便表态，将依托 5G 终端先行者计划，促进终端产品商用与创新。

2018 年 12 月 6 日，中国移动发布了首款自主品牌的 5G 试验终端产品：5G smart hub“先行者一号”，其性能如图 3–4 所示。

- 支持5G多个频段
- 支持下行峰值速率2Gbps，上行峰值速率1Gbps
- 时延在20ms以内

图 3–4　“先行者一号”的性能

为了促进 5G 终端的试验并发展新用户，维系老用户，与联通“淡化终端补贴”的做法不同，中国移动将投入 1 亿 ~2 亿元人民币作为终端补贴。

在三大运营商齐发力的情况下，基于中国原本就数量庞大的通信用户，预计到 2025 年，中国有望成为全球最大的 5G 市场。届时，中国 5G 用户有可能达到甚至超过 4.3 亿，而这一数量占据全球总量的 1/3。

不过因为三大运营商的 5G 初期部署都是在一线城市展开的，且费用较高。所以虽然目前 5G 发展势头很猛，未来发展空间也很大，但在相当长的一段时间内，4G 依然会是人们的通信主渠道。5G 网络与 5G 手机的普及，都还有很长的路要走。

据 GSMA 预测，到 2025 年，5G 覆盖率将升至 14%，4G 覆盖率也将升至 53%。

据 IDC 预测，2019 年，5G 手机总体出货量只有 670 万部，约占当前全球手机总市场 0.5% 的份额，到 2023 年将提升至 26%。4G 手机的市场份额虽然会下滑，但仍占主流。

“我们的 4G 没有用好，打开我的手机，网速只有 20~30M，实际上我们提供的 4G 是可以达到 300~400M 的，足够看 8K 电视。但是我们的网络，白天打开就只有二三十兆，只能看 4K 电视，没法看 8K 电视。为什么？因为网络结构不好。网络结构性问题没有解决，5G 用起来和 4G 差不多。就好比我的嘴巴很大，但是喉咙很小，我吃一大块肉一口吞不下。”一切正如华为创始人任正非先生所说的这样，5G 有非常多的内涵，它可以但绝不仅限于为用户提供更积极的体验，但这些内涵的发生需要漫长的时间。

作为科技发展的直接受益者，我们现在要做的就是等待：等待运营商布好网络，芯片商做好芯片，手机厂商做好手机。这样在 AI 与大数据的加持下，我们就可以走上 5G 时代，享受 5G 带来的超快感。

4 从“即插即用”到“即插即慧”

早在 2013 年时，阿尔卡特朗讯贝尔实验室无线研究项目便针对 5G 未来应用发布了一项报告。该报告指出，相比 4G，5G 最大的优势在于，它可以灵活地支持各类不同家用设备，如图 3-5 所示。

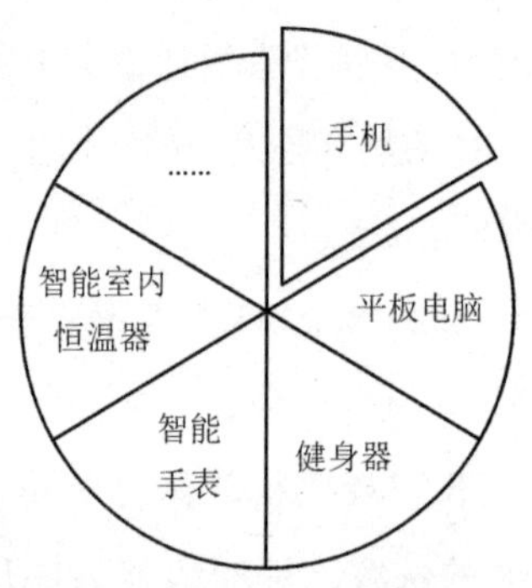

图 3-5　5G 支持多种不同家用设备

该试验室还认为，在 5G 时代，每个人都将拥有 10~100 台物联网设备，用以服务自我日常生活。而 5G 的超快网速也使无线网络成为一个平台。在 4G 时代，无线网络是一个有瓶颈的管道，用户的设备只能在特定频率进行交流。但是在 5G 时代，这一管道变成了无限延伸的平台。

平台化的连接使设备在线成为一种新常态。当前，大部分的电子设备都处于默认离线状态，而且它们彼此间并不连接。比如，我们不得不频繁地连接到智能电视与 VR 一类的可穿戴终端，只要电视一关闭，VR 就关闭了。可是在 5G 下，“在线”会成为默认状态，我们可以实现真正的“随拿随用”。这是大势所趋，也是通信网络进化的必然结果，甚至可以说，未来，彻底离线将成为一件非常困难的事。

AI 与 5G 合力

人们习惯将 2007 年称为“移动时代的开端”，因为在那一年，互联网真正成为热点，社交网络出现，Google、微软与 Facebook 正式进入公众的视野，同时还发生了两件从真正意义上“改变世界”的事：

（1）2007 年年初，苹果发布了初代 iPhone；

（2）2007 年 11 月，高通推出了第一代骁龙芯片。

2007 年，高通研究院正式开启了自己的首个人工智能项目，研究面向计算机视觉和运动控制应用的脉冲神经网络。那时的高通或许并未意识到，它开启了一个时代。10 年以后，由其所拓荒的移动通信与人工智能两个方向，皆成为数字化世界变革的主要力量。

有关人工智能，我们早已听过太多神奇的故事。比如，在 2016 年，人工智能机器人 AlphaGo 在围棋大战中战胜了人类围棋天才柯洁。但当 AI 与 5G 相遇后，技术开始潜移默化地改变我们的移动终端。

在所有的智能终端设备中，个人用户日常生活中较常用的无疑是智能手机，如今我们早已习惯了各种 AI 功能：

自拍时，按下快门的瞬间，手机就已经对照片做了美颜处理；

想去某个地方，只需要对手机说几个关键字，手机便会提供精准的导航路线……

搭配了人工智能和沉浸体验全新架构的各类处理器已经被广泛应用在多种品牌手机上，如小米、OPPO、VIVO 等。它们都搭载了高通人工智能引擎 AI Engine 的骁龙系列平台，使各类 AI 应用日渐渗透到普通人的工作与生活中。

更重要的是，这一变革时代如今才刚刚拉开帷幕，因为即将到来的 5G，使我们身边的终端可以承载更庞大的计算力。

在高速的 5G 时代会有海量设备接入网络，这将为人工智能系统带来丰富的数据资源。由此，人工智能模型会变得更智能，从而形成良性循环，开启“万物互联”的智能新时代。

万物在线状态下，人工智能真正“万物互联”

万物在线的状态，在5G下还反映在人工智能的功能扩展上。得益于5G的高速率、低时延等特征，手机上的一些处理任务都可以放到云端完成，这相当于为手机新增了一个“超级处理器”。

可以说，人工智能正在影响越来越多的行业，并渐渐从云端向终端侧扩展，不断改变人们的生活和工作方式。

另外，5G的平台作用还表现在其带来的丰富数据资源上。以往很多对神经网络的训练都是在云端或基于服务器上的数据完成的，但是在5G时代，整个模式出现了很多变化，一些人工智能的训练、执行与推理工作，比如，模式匹配、建模检测、分类、识别等，逐渐开始从云端向终端转移，所有的边缘终端都将具备机器学习能力。这意味着数据处理将在最靠近数据源的位置进行，以对云端处理进行补充。

当然，5G时代如果每人拥有10~100台智能设备，就意味着未来至少有数万亿台终端相互连接。而想实现规模化，促进机器学习，就需要在有限的环境中同时完成多类型的任务。因此，要真正在边缘实现人工智能，就必须提供不同的解决方案，而5G就是首选。

超高速、低时延的5G网络不仅支持迅速连接云端、获得云端、无限存储与读取数据，同时还具备了在边缘具有处理能力（手机的美颜、电脑软件的自动处理，都属于此类能力）的终端上进行感知、推进与行动。这就意味着，未来的5G网络除了提供无限读取数据、与云端高速连接的功能以外，还将带来无线边缘计算能力的巨大提升。举个例子，我们可能更容易理解这种能力的提升：AI与5G结合后，可以使手机、平板类智能终端获得与电脑相同的性能，比如，在手机上享受与专业游戏电脑一样的VR体验。

5G+AI，将重新定义“终端”

5G 时代所引发的变革当然不仅限于手机、平板等终端，事实上，5G 的到来将重新定义“终端”。未来我们将看到各种形态的终端出现，这将颠覆现有的很多电子设备。

随着 AI 技术的进步与成熟，智能终端在硬件与软件上都有走向结构化、标准化的趋势，这使它们更容易连接人类的视觉、听觉、触觉等，使人们更容易感知。同时，语言、大脑思维力等都将随着 AI 技术的不断进步，轻易地被部署进智能终端。我们甚至可以想象到，我们的衣物会与 AI 结合，上传我们的肤质、最适合的温度、最适合的织物等数据；我们的汽车会收集我们的驾驶习惯，并在 AI 的训练下，培养出较安全的驾驶速度与模式——各种智能终端相配合，联合塑造出较适合个人的终端使用方式。

更令人激动的是，据通信业推测，到 2022 年，仅智能手机一项，累计出货量可能会超过 86 亿部，移动终端的规模也将为人工智能平台带来巨大的潜能。毫无疑问，在 5G 时代，智能手机的庞大规模，加上海量的物联网，普通人将真真切切地从生活中感受到人工智能的力量。

实时在线、自然交互、懂你所需、服务直达——基于 AI、5G、终端芯片的无缝协同合作，沉睡的终端将被唤醒，并从“即插即用”加入“即插即慧”的未来中去。

这与高通首席执行官史蒂夫·莫伦科夫先生的认知相同：智能互联的时代，是 5G 与人工智能驱动的，两者相互结合会催生出强大的力量，而这股力量将变革当下所有的行业，甚至有可能带动整个商业生态发生根本性的转变。

5 消灭 App 孤岛，走向平台连接

在互联网时代，一切人与网络的连接都寄生在 Web 上；在移动互联网中，App 成为人与手机之间进行联系的绝对主流。不过，在 5G 即将到来时我们已很轻易地发现，移动互联网与 App 其实都是过渡性产物。当我们真正迈入 5G 时代后，类似于 Web、App 这些有形的载体都会变成非必需品，到那时，线上与线下的界限会真正消失，人与人、人与物、物与物的关系会彻底改变——“万物互联”网由此正式开启。

4G 时代，App 以应用为中心

在 4G 时代，我们通过下载特定的 App 来获得需要的服务。我们打车时要打开滴滴 App，点外卖时要打开美团 App、饿了么 App，联系朋友要打开微信 App，支付时就得打开支付宝 App……虽然 App 是移动互联网时代的重要载体，但它们也是牢笼，它们将移动服务困于其中：用户要使用某一服务，就必须下载、安装、打开特定的 App。

上述情况就造成了用户有时会陷入这样的窘境：一些 App 的使用率极低，但又不得不下载，此类 App 一直占用着手机空间；或者是下载了某一 App 后，在使用过程中发现它并非自己所需要的那一类型，而解决的办法只能是在卸载、试用、安装的过程中反复寻找自己需要的那一款。

手机中装载了越来越多的 App，后果是它们不断地占用手机原本就有限的内存。这使手机厂商们不断扩大手机内存，从功能机（只具备通信功能的手机）时代的 16M，增加到如今的 256G，可是依然解决不了 App 增多、手机功能增多、照片增多导致的内存相对不足的问题。

总之，App 使用过程中的非人性化体验，意味着它在移动通信的发展过程中肯定是过渡性的产品。

App 之间是信息孤岛

所谓 App 孤岛，指的是 App 与 App 之间是彼此独立、碎片化存在的。

在现实生活中，我们的需求往往是连续性的，比如，出差任务完成后，紧接着我们会有一系列连续性需求需要满足，如图 3-6 所示。

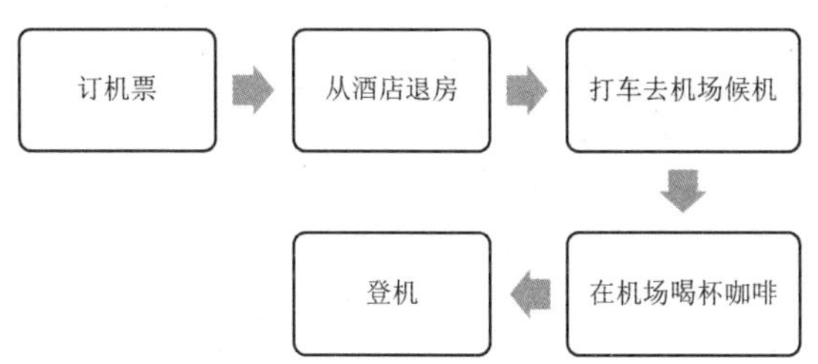

图 3-6 出差任务完成后的一系列连续性需求

可是在 4G 时代，这些需求由不同的供应商提供，而它们之间的利益并不共享（甚至有可能对立）。因此这些需要被人为地进行了分解，我们需要分别在不同的 App 中实现自己的需求，如图 3-7 所示。

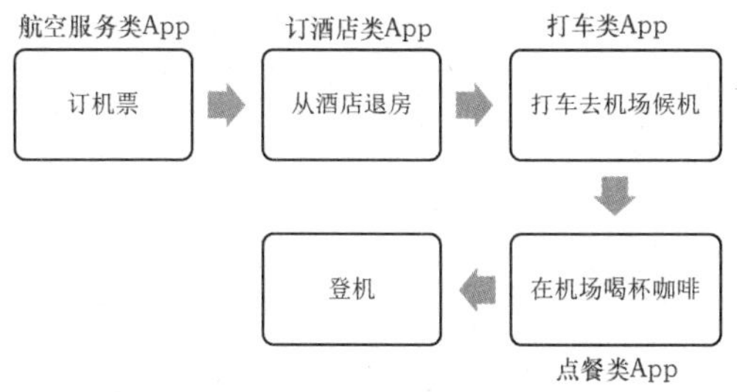

图 3-7 被 App 分解的连续性需求

类似的操作我们都曾有过，毫无疑问，在各种 App 间不断切换、跳转是非常麻烦的。而且这一过程很容易让我们产生怀疑：这就是所谓的智能生活的终点吗？

不可否认，这种生活方式比传统生活方式是有所进步的，但它绝非智能生活的终点。在5G时代，我们可以期待的是，这些服务都将“自动到位”。比如，当我们走到酒店前台退房时，旁边的汽车可以自动接收到“有用户要离开酒店”的信息，在我们告诉汽车去机场的咖啡厅时，系统甚至可以自动询问我们：“是否要帮您订一杯咖啡？”或“发现您已预订了16：00的机票，是否需要帮助您办理值机手续？”

直接连接的占比将持续扩大

在4G时代，手机是人与万物实现间接连接的中介，手机就是我们遥控万物的“指挥棒”。只是虽然实现了连接，但带来的体验非常不佳。比如，在小米的智能家居中，使用小米手机可以设置电视机的种种功能，但它所花费的工夫一点也不比直接拿遥控器进行操作少，甚至比之更加麻烦。

因此，虽然眼下以智慧互联为主题的智能设备已经非常多，但是这些智能设备的实际调用率并不高。

在“万物互联”的5G时代，手机不再是唯一切入移动互联网的入口。我们的手表、穿戴设备、家中的各类智能硬件，都将实现直联在线，它们会随时随地获取我们的个人习惯、个人数据，不管这些数据多么的碎片化。

试想一下，当你置身于无人超市时，只需要站在付款机前“刷脸”，就能将心仪的产品带走；你在网上购物后，无人机、物流机器人会把快递及时送到；快到家的时候，你可以通过手机命令来唤醒智能家居系统，提前打开家里的空调、空气净化器……这些超前的物联网智慧工具，正在颠覆我们对生活的想象，同时也在不断地收集数据，为未来的智能生态生活的发展提供新动能。

只有收集到了足够的数据，我们的个人偏好与需求才会被更充分地了解，我们才能获得更好、更贴心的智能服务。5G的高频率、快速率恰恰是提供直接连接与数据交互的关键所在。

连接平台成为重点发展领域

消灭 App 孤岛后，用数据建立智能生态的目的就是，保障相关设备在任何时间、任何地点，可以任何方式通过 5G 实现数据交互。这就需要我们在通信、网络与安全等各个方面建立起连接保障，以在预防故障的同时，尽可能地保证数据的实时、稳定与安全。

但是，因为 5G 通信下的智慧连接中，设备连接的组件多，技术杂，环境多样化，所以需要系统本身具备大数据收集能力，以及相应的先进的 AI 技术。唯有如此，系统才能通过上述建设，建立起自我学习与自我进化的能力，智慧的连接服务才能成为可能。

如果说 4G 时代中 App 是连接的基础，那么 5G 时代中平台化的管理就是连接价值的转化器。通过连接管理平台，智慧网络能做到实时侦测设备的连接状态与连接环境，预测连接状态与连接环境的变化，预判式地做出应对措施，确保连接实时、稳定、安全。

举一个典型的例子。自动驾驶，从云端、后视镜、导航，到行车记录仪等集成整个车载系统功能的运行，唯有在 5G 高速网络状态下，保证数据的实时稳定传输，才能真正建立起有效连接。

通过优秀的 5G 数据连接管理平台，车主可以实时了解当前的连接状况。同时，车子本身可以展开预测式的连接环境分析，在实时掌控行车轨迹的同时，保证数据的实时传输，实现成功监控车辆的安全驾驶。车子出现超速情况或遇到危险路段时，平台能及时向车辆发出警告，做到全方位的安全防护。

不仅是智慧交通，在智能安防、工业物联网等多个行业，设备本身的数据分析、监控、位置管理等功能，都会是连接背后最大的价值体现，而未来也将催生出更多的依赖平台所提供的数据连接的行业。在 5G 时代，由 App 掌控的“信息孤岛”将不复存在。在数据共享的情况下，更快捷、更稳定、更丰富的应用场景将被开发出来，物联网行业深度融合与发展也将成为必然。

6 全云化让智能无所不及

作为新一代信息通信基础设施的核心，5G 不仅推进生产与社会等方面的基础设施的数字化改进，也使云计算、大数据等技术与应用从概念走向事实，从抽象落实到具体。

5G 赋力、大数据汇集、AI 处理

目前已经有越来越多的人意识到，大数据对社会发展有多么重要。

一方面，在全球范围内，包括 Facebook、Google、腾讯、阿里在内的互联网巨头，通过自身在数据占有方面的先天性优势，建立起了数据中心，并据此进行盈利与产品改善。另一方面，在新的挑战面前，传统企业希望通过数据化手段转型，产业互联网等新概念正日渐深入传统领域，大数据应用如今已成为各个领域的应用中心。

正是因为传统行业的数据化是近年来才刚刚开始的，所以在大数据被运用于传统行业的过程中产生了海量的新数据，这对数据的时效性、传输的速率都提出了更高的要求。5G 的诞生恰好弥补了 4G 通信时代的不足，满足了大数据产业对少量数据传输、存储与处理的需求。

而在未来，AI 系统将会被寄存在云端。众所周知，AI 依据数据成长，云端大量的数据会成为 AI 迅速发展的源泉。未来，AI 将迎来智能转折点：它或可理解自然语言，并用语言与人类实现智能交流。最终，高智慧型随身 5G 设备将如现在的手机一般，成为随身用品。而我们对设备提出的命令，将会通过高速的 5G 传至后台，进而实现相关需求。比如，观光客到了陌生的地点，因为智能终端早已在日常使用中收集

好了个人喜好，所以，只需要很少命令，便可以快速找到自己喜欢的餐馆或酒店。

5G 将对大数据产生深远影响

5G 对大数据产生的影响主要表现在三大方面。

数据规模的急剧增长

从终端的发展情况与丰富程度来推测，在 5G 时代，单位面积内的联网设备数量可能会达到 4G 时代的 100 倍，海量物联网的感知层将产生海量的数据。同时，5G 通过提升连接速率，降低时延，会促使数据的采集变得更方便、更快捷，这些都将极大地驱动数据量的增长。据国际数据公司 IDC 于 2019 年 1 月发布的一份研究报告表明，2020 年全球新建和复制的信息量将超过 40ZB（ZB，计算机术语，意为“十万亿亿字节”）。

数据维度进一步丰富

从目前的通信连接类型来看，数据维度多为“人与人”的关联，未来 5G 会带动物联网的发展，令“人与物”“物与物”之间的连接产生的数据类型进一步丰富。未来，联网汽车、无人机、机器人、可穿戴设备等，都会进入数据收集范围，数据采集量自然会进一步增加。

从连接内容来看，未来 5G 将催生智能制造、智慧能源、无线家庭娱乐、无人机等各类新型应用，这将大大创新与丰富现有的数据维度。同时，来自 AR、VR、视频等类型的非结构化数据的比例也会进一步提升。

大数据处理平台性能的提升

数据体量、种类与形式的爆发式增长，使单一的大数据平台很难有效地应对复杂、多样、海量的数据采集和处理任务。而反过来讲，海量、低时延、非结构化的数据特点也将进一步促进数据处理技术和分析技术的进步。

不管是混搭式的大数据处理平台，还是大数据处理技术的提升，其最终归途都是进一步提升平台的数据处理能力。

从云计算到边缘计算

云计算是近年来科技界的一个应用热点，同时也是高科技、先进性的一个标签。通俗地说，云计算服务就是让计算、存储、网络、数据、算法、应用等软、硬件资源像电一样，可以随时随地即插即用。这种应用为企业使用IT资源提供了一种成本小、效益高的新可能。

云计算的重点在于把握整体底层架构，它就像天上的云，看得见、摸不到。2018年于深圳召开的云栖大会上，阿里云又首次提出了“边缘计算”的概念与产品。

我们可以拿自然界中智商最高的无脊椎动物章鱼来说。章鱼有两个强大的记忆系统：一个是大脑记忆系统，其大脑有5亿个神经元；另一个是八个爪子上的吸盘，每一个爪子都能思考并解决问题。

云计算就好比章鱼那拥有5亿个神经元的大脑，而新出现的边缘计算则类似于章鱼的爪子，一个爪子就是一个小型的机房，靠近具体的实物。

由此来看，边缘计算更专注于局部，更靠近设备端与用户。IDC的报告数据显示，在5G的加持下，未来通信网络会有45%的数据通过边缘计算进行存储、处理与分析，这将大大优化数据中心的工作流程，从而减少数据中心的部分压力。

当然，这些在边缘计算中处理过的数据最终也会返回数据中心，为AI赋能。AI离不开大数据，唯有数据足够多时，才能训练出足够聪明的AI。自动驾驶公司通过购买、采集各类与驾驶、道路、天气、行人等相关的数据，来强化AI的处理能力，从而令自动驾驶行为可行。而要对大数据进行处理，就需要云服务。因此，唯有数据足够多、云服务处理能力足够强，才有可能训练出足够好的 AI。

就拿自动驾驶来说，5G 的作用不仅仅是让汽车获得自动驾驶过程中的相关判断力，还会将传感器、手机上收集的各种数据快速地发送到服务器，让服务器依据情境、具体需要做出更快速的判断。

全云化让商业更智能、更贴心

在 5G 时代，上述功能共同联动，全云化将触手可及，大数据还有可能被用来分析物联网应用程序在 5G 网络中的表现。相关的发现可以促进应用程序的持续改进。

比如，在智能家居的运用中，当前的标准做法是，公司从用户对程序的评价中获得用户认为应用程序性能好坏的直接反馈。但是在 5G 时代，这种情况会出现进化。因为数据是即时传至数据中心的，所以公司可以从物联网传感器中直接提取 5G 网络传输过来的数据，更能从某些异常数据中发现可改进的地方，并在这些地方布置上“自动更新”的配置。如此一来，一旦公司想出更好的解决办法，程序便会马上做出更新。

除可以帮助应用程序更好地运作外，全云化还会对 5G 网络产生积极的影响。网络工程师们会从大数据中找到更好的配置 5G 的方法，以满足未来海量数据上传与输出的需要。

全云化甚至将改变营销领域。现在我们在淘宝类购物网站上浏览时，网站往往会根据我们往日的购买结果、购买喜好、浏览记录，以及当下所浏览的产品的主要类型，向我们推荐相关产品。而这一切都是在我们无意识间发生的，我们甚至在下单前一刻都没有发觉购物网站在向我们推荐产品。

这就是 5G 被大范围运用于营销领域后的未来：物联网应用与大数

据的专用功能结合起来以后，每一个营销公司都有可能成为淘宝这样的智能单位，营销公司将在客户表达需求以前或是了解客户需求以前，向客户推荐相关产品，引导消费者做出决策执行操作。

未来营销公司调查与了解消费者的方法也将出现大的改变，如眼下广告界、营销界常常使用在线调研、街头采访、批量调查问卷等方式来了解消费者的需求，不仅费时费力，还有可能得不到精准的调研结果。因为接受调查的消费者很可能在自己未意识到的情况下，发表对产品的错误看法与错误需求，从而导致公司做出错误的产品预测。

有关这一点，经典的证实性案例就是 20 世纪 90 年代，可口可乐公司曾在调研结果的指导下改变了传统配方，结果导致销量大减，品牌名誉受损。这也是苹果公司已逝前 CEO 乔布斯认为调研一类的活动毫无意义的关键。

但是，在物联网传感器和大数据分析的帮助下，再加上 5G 网络的飞快速度，这种情况将不复存在。通过分析用户的动作与真正选择而得到的结果不会说谎，营销公司可以更快、更准确地研究有关客户的集体意见，并运用它们来指导产品的发布、营销活动。

此外，若大数据表明产品存在问题，产品又依赖物联网传感器，那么获得的信息将更能帮助公司解决问题，而大多数客户很可能因为专业性的欠缺，并未意识到产品之前存在问题。这种更完善的解决方式会使未来的客户体验变得更简化，更个性化，也更贴心，营销公司因此也可以得到良好的声誉。

很显然，不管是对消费者还是对企业来说，5G 时代的全云化都能在大数据的助力下让智能生活来得更快、更完善。

第四章

CHAPTER 4

愿景：5G 应用，开启大连接新时代

5G 被大范围应用的尝试刚刚开始，它引发的改革远比 3G、4G 更彻底。仅从物联网对社会生产力的推动来看，5G 产生的效果与 3G、4G 时代根本不是同一个量级。可以这样说，从 5G 全面部署开始，人类时刻准备着推开大连接时代的大门。

1 从 2022 年冬奥会看 5G 强大赋能

20 世纪 90 年代以来，通信网络的发展可谓一日千里。尤其是每四年举行一次的奥运会，更是成为通信新技术、新应用展示新变化的重要场合。而能在奥运会上通过“即时转播”的严格要求，也成为通信新技术、新应用接受全民考验的重要标准。

回望 2018 年平昌，看 5G 初次布局冬奥会

在我们的认知中，奥运会是体育竞技的舞台，但事实上，这项汇集了全球日光的重大赛事，往往也是全球范围内最新科技亮相的大舞台。历数过往各届奥运会我们会发现，每一届奥运会的成功举办，背后都有通信技术的加持，如图 4–1 所示。

- 1996年，美国亚特兰大奥运会拉开了互联网转播赛事的序幕；
- 2000年，悉尼奥运会用上了庞大的通信网络——“千年网”；
- 2004年，雅典奥运会上3G绽放；
- 2008年，北京举办“数字奥运”；
- 2012年，伦敦奥运会上，社交媒体大行其道；
- 2016年，巴西里约奥运会被认为是首届真正意义上的4G奥运；

……

图 4–1　通信技术助力奥运会

5G 被试用于奥运会，始于 2018 年。前文中我们已经提及，韩国 5G 网络是全球第一个大范围部署的 5G 无线网络，同时也是全球首个准商用 5G 服务网络，其无线网络部署多年来一直全球领先。在韩国平昌冬季奥运会上，韩国电信运营商 KT 全程提供了应用频段为 28 GHz 的 5G

服务，如图 4–2 所示。

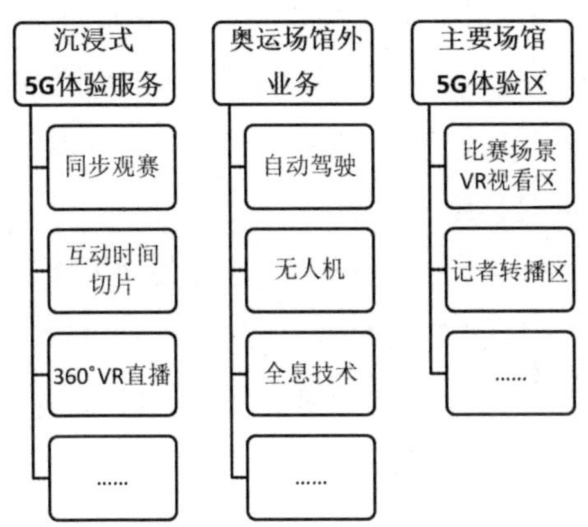

图 4–2　2018 年韩国电信运营商 KT 提供的频段为 28GHz 的 5G 服务

在这次冬奥会上，运营商 KT 通过设置在比赛场馆四周的 5G 基站，让用户切实地在下述方面感受到了 5G 功能的强大。

同步观赛

运营商通过在运动器材、运动员身上安装传感器、高清摄像头，配置 5G 通信模块，实现了把运动数据实时地传送到电视、手机客户端，用户可以通过运动员的第一视角来观看赛事。

互动时间切片

运营商在赛场周围安装了多达 100 个摄像头，这些摄像头可以帮助用户从不同角度获取视频信息，同时还能随意回看任一时间段的精彩比赛瞬间。

比如，在雪车比赛中，以往观众只能通过安装在赛道旁的摄像机看到雪车在滑道内的视频。在 2018 年的平昌冬奥会中，工作人员在赛前便将微型摄像机与 5G 通信模块一起植入了雪车前端，实现了真正意义上的通过赛车手的第一视角来体验比赛的紧张气氛。

360°VR 直播

众所周知，很多冬奥会项目速度极快，仅就滑雪项目来说，短道速滑的速度可以达到 50km/h；在单板滑雪项目中，法国名将皮埃尔·沃尔蒂尔的速度达到了 203km/h；高山滑雪速度甚至可以达到 250km/h，这么快的速度只有 5G 能够跟踪。

在 360°VR 服务中，运营商围绕滑冰场地设置了数个 360° 的无死角、全景式 VR 摄像机，并在滑雪场馆的二层开辟了 VR 观众体验区，观众带上 VR 头显设备，能够以 360° 的视角观看运动员的滑冰比赛。

自动驾驶

首尔市中心的一辆全长 12m、宽 2.5m、车速可达 70km/h、可载客 45 名的大巴车，通过 5G 网络实现了真正意义上的全自动驾驶。在平昌冬奥会的火炬传递中，该车还与火炬手一起传递了火炬。

可以说，在 2018 年的平昌冬奥会上，5G 再次向人们展示了信息通信技术被运用于实景以后，会给人们带来怎样震撼性的体验。

展望 2022 年北京冬奥会，预测通信技术发展的新气象

虽然 5G 全面落地还需要一段时间，但是在 2018 年平昌冬奥会上运用过的技术，在 2022 年的北京冬奥会上绝对会有更佳的表现。而且，2022 年的 5G 技术会更进一步地体现出 5G 的实用性。

智慧竞赛成为可能

在 2022 年的冬奥会上，运动员的智慧穿戴很可能会成为一项普遍性服装。为了实现观众更佳的观看体验，同时方便裁判评分，这些智慧服装中会加入集成高科技的传感器，以实现对运动员身体机能与运动技能的多方位感知。

而这种传感器最大的作用在于，它不仅可以帮助人们提升观看体验，

还可以帮助运动员提高比赛成绩。得益于 5G 在传输速度与网络时延上的优势，高速度能承载更多的数据传输，这将使运动员的传感器采集超大量数据成为可能；而 5G 的低时延则可以让教练眼前的画面与运动员的表现同步，从而让教练更准确地判断运动员在比赛中失误的具体原因。

到 2022 年，一名在预赛中发挥并不出色的运动员很可能通过智慧穿戴分析的数据，在正式比赛中纠正运动姿态，或者监测当下身体的疲劳状态，进而对训练与参赛计划作出有效且带有针对性的调整。在这种高效行为下，运动员极有可能在决赛中表现得更出色。

智慧观赛正式落地

在 2018 年的平昌奥运会上，只有滑雪场馆二层存在 VR 观众体验区，而且只在录播方面实现了 8K 技术。但是到 2022 年，这一体验将有可能扩展到电视直播中。这就意味着，我们有望通过电视里的 8K 直播，随时随地捕捉精彩瞬间。

比如，你可以在家中带上 VR 眼镜，观看自己喜欢的自由式滑雪空中技巧比赛。但如果打开电视机晚了，只看到了运动员的背影，你也不需要为此感到遗憾。因为你只需要打开该比赛的视频直播，带上 VR 眼镜，并通过即时回放来定格运动员最酷的瞬间，使画面 360° 自由旋转，就能看到运动员最酷动作的正面。

这种观赛方式正是 5G“时间切片”的落地效果。我们曾经在好莱坞大制作的电影《黑衣人》《头号玩家》等电影中看到过这种效果，到 2022 年，这种沉浸式的观赛效果或许能够供我们观看电视直播时使用。

从理论上来说，通过 VR 设备我们可以身临其境地到达赛场的每一个角落，甚至可以参与到运动员的每一个动作中，还可以切换到运动员的休息室、等待区，以此了解自己喜爱的队员是如何部署下一回合的对抗的。

智慧配套服务成为可能

5G 的高速率与低时延也会使智慧医疗、智慧翻译与智慧安保成为可能。

（1）智慧医疗。一位运动员在河北张家口赛区受伤，需要就近进行紧急手术，而运动员希望得到其本土医疗专家的指导，这时 5G 技术就可以帮助他实现这一愿望。

（2）智慧翻译。2022 年，即时翻译将成为可能，不管运动员说的是英语还是汉语，是纽约腔还是四川话，都可以通过网络进行实时处理。

（3）智慧安保。5G 网络会将各处的人流密集度、对人员潜在危险的分析、各处设备的运转状况等数据即时传输到数据分析中心，边缘云计算会迅速作出反馈，从而保障赛事的正常进行。

值得一提的是，其实上述功能部分已经在当下实现，到 2022 年的冬奥会上只是进一步普及和推广，并展示其更进步的一面。

5G 赋能奥运会，挑战诸多

将 5G 技术全面运用于 2022 年冬奥会，中国联通面临不小的挑战，其中最大的挑战是，保障 5G 的高稳定性、高可靠性。

要达到上述技术的理想状态，就需要建设密集的 5G 网络，这会带来大量的规划与建设挑战。

复杂地形和恶劣自然条件带来的挑战

冬奥会上，雪上项目是重头。而为了增加挑战性，此类项目的赛道多依托于天然环境建造。仅就北京市的国家高山滑雪中心来说，为了筹备冬奥会，未来我国将依托小海坨山的天然山形规划建设 7 条雪道，全长 21km，落差约 900m。如此大的落差必然会使某些赛道存在一些盲点，这将给网络布局、覆盖水平带来巨大的挑战。

极寒天气也是网络部署过程中必须考虑的因素。北京冬奥会崇礼赛区的冬天气温能达到 -30℃，低温往往伴随着大风。这种天气对通信设备的可靠性是极大的考验，对通用的建网模式的影响也很大。

大容量、大连接带来的挑战

到2022年，热爱竞技项目的人会大批量地汇集到北京与张家口崇礼。届时，冬奥会场馆将属于人口密集型场景，仅一个场馆内的人数就有可能达到10万，再加上比赛开始后，各类媒体的转播需要与诸多的智慧应用一起加载进网络后的大连接，这些都必须得到通信保障。想象一下，在 $100km^2$ 的范围内有超过100万的连接数，如此密集的通信需求，无疑是中国联通未来必须面对的挑战。

由此也会带来网络速率方面的压力。从理论上来说，平昌冬奥会实现了20Gbps的速率，但目前我国划分给中国联通的5G频谱仅能达到5Gbps的速率。要保证10Gbps的传输速率，实现真正意义上的8K传输，中国联通面临的压力不小。

高可靠性带来的挑战

可靠性是对运营商提出的最基本、最核心的要求。在奥运会上运用的通信技术可以不是最先进的，但必然是最成熟、最稳定的。

为了达成这一“可靠”前提，中国联通在2022年冬奥会开始前的半年多时间里，就不能再使用新研发的技术与产品了。因为运用到实际中的技术和产品，都必须是已经过验证和成熟实施。

可以说，中国市场与中国消费者对中国5G寄予了厚望，而这种厚望是否能够落地，北京冬奥会将成为一次大规模的考验。

2　5G+城市治理：智慧城市实现的可能性

城市是人类文明的结晶，而智慧城市更是承载了人们对新世纪美好生活的诸多期待。如今在全球范围内，许多高新科技已经被运用到城市治理与发展过程中，5G 技术也正在日渐凸显其巨大作用，且已经深刻并显著地影响了城市的发展与居民的生活。

想象中的“未来城”

1990 年，美国旧金山举行了一次以“智慧城市、全球网络”为主题的国际会议，这是全球范围内首次有学者正式地提出了“智慧城市”的思想与概念。但“智慧城市”发展至今，依然没有人能给它定义一个明确、公认的恰当概念。这种概念上的无法统一，在很大程度上是因为“智慧城市”的建造是立足于科技展开的：3G、4G 时代的“智慧城市”，与 5G 时代的“智慧城市”在内涵和定义上明显不同。

其实，中国人早在 20 世纪 70 年代便对“智慧城市”有过细致的想象。当时还在北京大学念书的叶永烈，创作了一本名叫《小灵通漫游未来》的故事书。此故事通过一个名叫“小灵通”的小男孩在漫游未来城市时的见闻，对未来作出了全景式的描述。

该书于 1978 年问世，销售了 300 万册，堪称是对万千国人的科幻启蒙。这部作品之所以能够取得如此优秀的成绩，关键在于它充满了具有神奇幻想的故事桥段，以及对未来的幻想多聚焦于普通人日常的衣食住行上。比如，大量使用塑料的住宅、利用人造物与化学技术制造出的食物、可以便捷地替换人体器官的医疗技术、便利的出行工具“漂移车”等，都直指普通人享受更高质量的生活所需要的物质资源。

书中描述的这座未来城是否就是我们所说的智慧城市呢？显然并不是。虽然技术层面上它已经足够智慧，但受限于认知，作者并未描述出一个实时信息流动的有机智慧城市，从这一意义上来说，它更像是身处农业时代的人们想象出来的工业时代的乌托邦。

真正意义上的智慧城市，并非资源上的无限，而是在信息的高效运转下，整个城市都在普通人无法意识到的时刻，由科技驱动与优化，进而帮助居民抵达物质与精神的双重幸福。

智慧城市立足于复杂的适应系统

我们可以将智慧城市理解成一种基于 5G 技术的超级“家居”。

想象一下“智能家居”的原理：智能家居是多个低功能数字设备通过网络相互连接、相互通信，并创建一个更有效的在线家居环境。智慧城市的原理也是如此。在 5G 时代的智慧城市中，物联网传感器将覆盖城市的每一个角落，各种公共设施、基础设施，通过通信网络，更好地连接到同一终端，并通过这一终端更协调地展开工作。

与 3G、4G 相比，5G 智慧城市的设计将立足于新的方法论 —— 复杂的适应系统。

在这个复杂的适应系统中，智慧城市包括 4 个主要系统。

（1）感知系统，即所有发生的问题都可以被全面感知到。

（2）运算系统，通过人工智能依据一定的模型进行运算并找到规律。

（3）执行系统，使问题得到解决。

（4）反馈系统，对结果进行实时反馈。

上述 4 个系统会形成一个完整的闭环，这一闭环的运行速度与强度共同构成了城市的智慧程度。

可以说，在复杂的适应系统形成之前，城市建设是自上而下、行政展开的设计，即政府参与开发，居民接受。但在立足于 5G 基础的新规则下，城市会自主进化，即根据居民的生活需要与真实发生的情况进行有效的调整与设计。

中国5G智慧城市正在建设中

布里斯托尔是英国英格兰西南部的城市，该城市早在2017年便已经与英国电信和诺基亚集团展开了5G智慧城市建设的试验。在该市的5G开发试验计划书中，我们可以看到他们对智慧城市的定义："通过数据传感器，智能城市技术可以对日常实时事件做出响应，其中包括城市垃圾处理、交通拥堵、能源供应、舆情监测等。"

在中国，建设新型智慧城市早已是国家层面的重要战略布局之一，且已被列为国家"十三五"规划。审视中国2019年首批5G试点城市名单（见图4-3），再对比我国首批智慧城市试点城市名单，我们会发现，除青岛与2017年新建的雄安新区以外，我国四大运营商所选择的16座5G试点城市，皆属于我国首批智慧城市试点城市。这似乎在无意间透露出一个重要信息，城市5G建设与智慧城市密不可分。

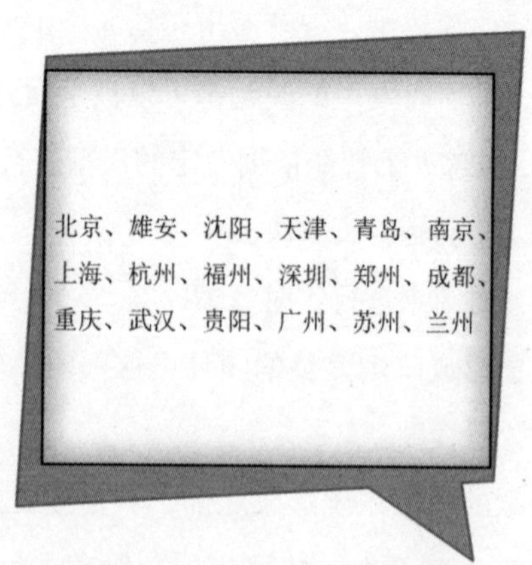

图4-3　中国18个5G试点城市

作为全新的移动网络，在智慧城市的建设过程中，5G将与AI技术、大数据、无人机等先进设备和技术，实现真正意义上的智慧城市管理。

5G 智慧城市的未来走向

目前，这种全新网络架构下的智慧城市的建设规划，已经在一些孤立的智慧城市中有真实的运作案例。

美国田纳西河流域管理局和佐治亚州电力公司，以及爱尔兰的电力供应商 EirGrid 都通过 5G 改进了自身的电力分配技术。在新的分配技术下，电网可以根据具体的需求波动，检测并巧妙地节约化石燃料发电，并对风能、太阳能等可持续发电源展开间歇性使用。

在电力传输网络系统中，美国已经开始全面推动 5G 智慧电网的建设。该电网可以按照图 4–4 中所展示内容，更好地实现与用户的双向互动。

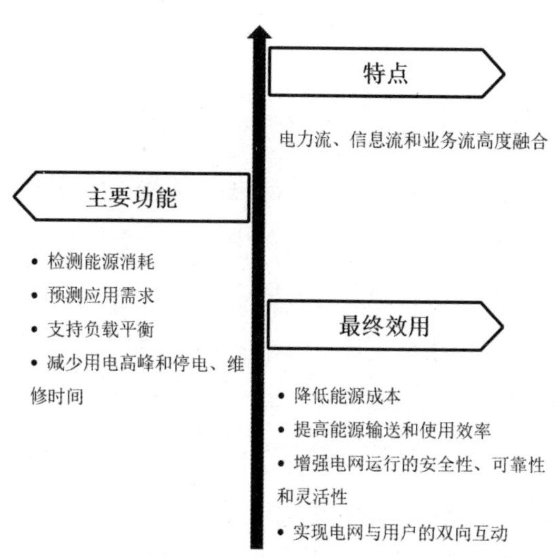

图 4–4　5G 智慧电网的功能、特点和作用

通过安装智能电网，美国的查特努加市在一场严重的风暴中减少了 50% 的停机时间，同时节约了 140 万美元的风暴中的运营成本。

除通过 5G 网络实现的智慧能源管理外，在智慧城市中，5G 还将作为重要的辅助手段，参与到下述城市治理功能中。

5G 与实时监控、精准定位

通过 5G 技术，未来无人机有可能接入低空移动通信网络，通过 5G 的特性，无人机将拥有如图 4–5 所示的五大能力。

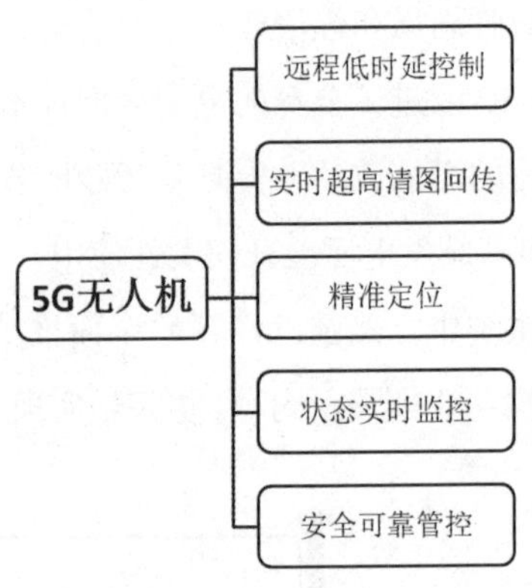

图 4–5　5G 赋能后的无人机的特点

在这些能力的加持下，无人机可以实现远程回传高清 4K 视频。比如，某地一幢大楼内突发大火，5G 网络的中心端将接收到无人机发送的视频与数据，并借此明确失火地点的人员分布情况、楼宇附近车辆状况、灾难等级等，进而帮助指挥人员从整体上进行把控，预先设置红绿灯，规划路线，调度数量合适的应急车以最快的速度进驻。在突发性、应急性事件的处理中，这些功能无疑将发挥巨大作用。

5G 与社会综合治理、公安执法

借助 5G，未来的执法也将智慧化。犯罪嫌疑人一旦被锁定，其个人信息便会被全部上传至中心网络。未来各地已有的摄像头、无人巡逻机都会成为执法终端。这些执法终端依赖 5G 网络实现的 4K 高清视频，会自动实现实时信息共享，信息在中心端进行 AI 结构化的视频分析后，展开人像对比、车辆识别等，一旦比对成功，中心台会迅速报警，并将报警信息及时发送至相关执法人员。

5G 与环境监测、保护

借助 5G 网络的大带宽、低时延，未来空气监测微型站将与视频监控有机融合，实现“鼻子”与“眼睛”的全方位、24 小时不间断的环境监测。

通过视频监控传来的 4K 高清视频，再加上微型监测站对污染源、污染轨迹等进行的定位、溯源分析，环境管理者更能即时地掌握环境变化趋势，实现环保督查、污染源定位等管理职能。更重要的是，在一些重污染地区，通过 5G 的数据即时传输，当局将有机会发现重污染过程的动态表征，这些信息将为下一步的污染控制的效果评估、污染治理方法的调整提供有力的支撑。

智慧城市的实现、城市的综合治理，皆是复杂、动态的过程。“万物互联”的 5G，通过将城市基础设施与 AI、大数据、无人机等新科技进行网络互联，无疑能极大地提升城市的运营管理效率。值得一提的是，智慧城市的建设与 5G 网络建设一样，都可以在原有的城市建设基础上进行。未来的智慧城市将以我们现有的城市秩序与设施作为基础，只是管理相对更高效、更安全而已。相信在 5G 腾飞之时，我们的城市生活将变得更智能、更安全。

3　5G+ 汽车：当汽车变身成“智能的互联移动空间”

在近代城市发展和崛起后不久，汽车就被发明和应用了。在城市演化的进程中，汽车总是作为一个重要载体，连接居民与城市，使二者成为不断变化和繁衍的共同体。然而在近十年，汽车的无序发展也给城市带来道路拥堵、环境污染等问题，两者间的矛盾日益显著。

在 5G 时代，随着大数据、云存储、人工智能等诸多新技术的发展与应用，智慧城市将逐渐建成，而汽车也有望跨越原本的交通属性，甚至变身成智能的互联移动空间，被赋予更多的数据节点功能，再次与城市和谐共处、相生相伴。

5G 车联网将让自动驾驶更智能

车联网也叫 V2X（Vehicle to Everything），即汽车与“万物互联”，如图 4-6 所示。

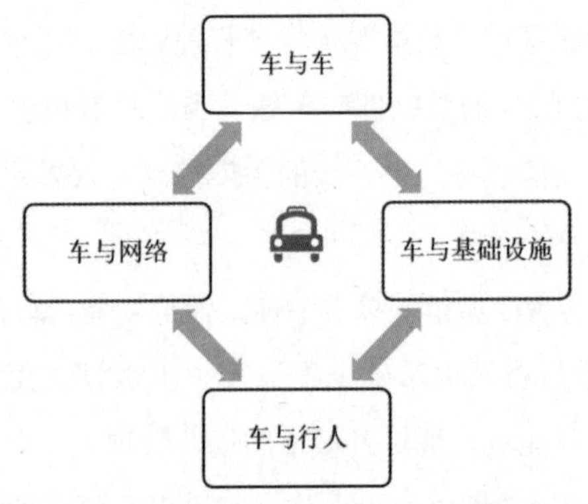

图 4-6　5G 车联网将实现汽车与“万物互联”

车联网就如同一个微信群，图 4-6 中展示的每一个参与者，都可以与其他参与者即时分享自己的信息，实现彼此间位置、驾驶意图的识别，以及对信号灯等交通信息的告知等，从而全面协助群内车辆更好地感知道路，实现车辆真正的自动化驾驶。

当前自动驾驶技术正在高速发展。截至到 2018 年年底，美国加州政府已经向 60 家企业发放了自动驾驶测试牌照，中国各地政府也先后向 24 家企业发放了测试牌照。这意味着在不久的将来，科幻片里出现的自动驾驶场景将成为现实，如图 4-7 所示。不过，在自动驾驶领域处于领先地位的公司，多采用“单车智能”方式，即车辆对环境的感知、在驾驶过程中的决策，都是通过车载传感器与计算处理单元来完成的。

图 4–7 科幻片里的自动驾驶

这种模式存在严重的缺陷，比如，在一些没有交通红绿灯的地区，以及车流量较大且车速较快的高速公路等复杂场景中，或者在突遇前方车祸的情况下，此类“单车智能”很难完成对环境的即时感知并作出实时决策。这也与业界内的普遍认知相同：要彻底实现自动驾驶，不仅需要智能的车，还需要智慧的路。

5G 的发展与智慧城市的实现，则可以使自动驾驶汽车打破这些局限。在 5G 技术的加持下，车联网不仅能帮助车辆进行位置、速度、行驶方向与行驶意图的沟通，更能利用路边的设施辅助车辆进行感知。

比如，在自动驾驶过程中，车辆利用自身的摄像头可能很难精准地判断交通信号灯的情况，因此很容易发生闯红灯等违章行为，甚至是更严重的行车伤人事件。但是，在 5G 车联网的运作下，交通信号灯会通过 5G 网络将灯光信号发送给周边的车辆，确保车辆可以准确地了解交通信号灯的情况，如图 4–8 所示。

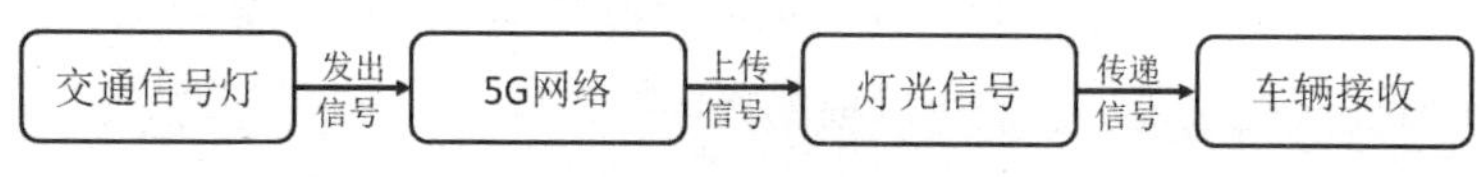

图 4–8 交通信号的传递过程

不仅如此，交通信号灯还能通过信号广播下次信号灯改变的时间，甚至能广播相邻路口未来一段时间内的信号状况，自动驾驶车辆能据此对行进路线与速度展开精准优化，如选择红灯最少、可以最快速度行驶的路线。这样一来，既可以优化交通，又可以因为减少碳的排放而保护环境。

另一个例子是，可以对交叉路口的通行优化与向横穿马路的行人发出警告。现在路口常常会发生横穿马路的行人与车辆碰撞的事故，特别是左转车辆，因为司机视线受阻，司机与车载传感器常常无法观察到路口横行的车辆。

未来在 5G 技术的帮助下，路口可能会大量安装雷达与摄像头，对行人通行情况进行监视。若监测到斑马线与路口内有行人，而且行人处于车辆的行进路线上，那么路边设施会将检测到的情况通知给车辆，车辆接收到信息后将采取避让措施，从而规避事故发生。

5G 下的自动驾驶将减少能源浪费

未来自动驾驶类汽车将成为主流，此类智能汽车不仅能与交通信号灯、其他正在行驶中的汽车进行通信，以预测交通状况，避免发生碰撞，同时还可以减少能源浪费。

行驶过程中汽车还可以与它们驾驶区域内的街道照明设备进行通信交互，从而判断出哪些路段在哪一时间段内的汽车通行率最高，以此来判断该路段路灯开启时间段的具体设定，从而真正实现在保障驾驶员安全的同时，节省城市的电力与金钱资源。

上述并非空想。在 2017 年，美国圣地亚哥和西班牙巴塞罗那已经采用了智能照明系统。它们可以根据路段有无行人、车辆行驶情况自动调光，同时还可以结合空气质量，检测设备的操作与维护情况，如图 4–9 所示。目前因为这些路灯，圣地亚哥在 2018 年已节省了 190 万美元。有专家预计，该系统在美国推广后，每年可为美国节约高达 10 亿美元的费用。

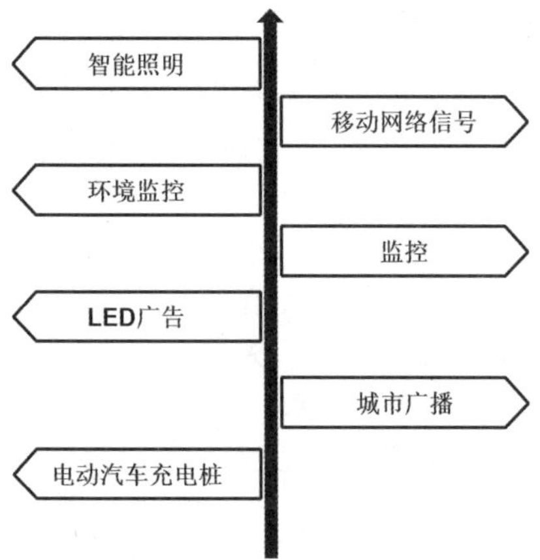

图 4-9　5G 时代的智慧路灯将具备多种功能

智慧停车可减少拥堵

普通人未来最有可能遇到的一个简单的智慧城市功能就是“智慧停车系统”。停车并非一个独立的部分，而是事关城市交通的一个重要组成部分。根据美国交通信息数据公司 Intrix 的研究发现，美国司机平均每年要花费 17 个小时寻找停车位（纽约司机用在这一过程中的时间为 107 个小时）。因此造成的浪费高达 730 亿美元，如图 4-10 所示。

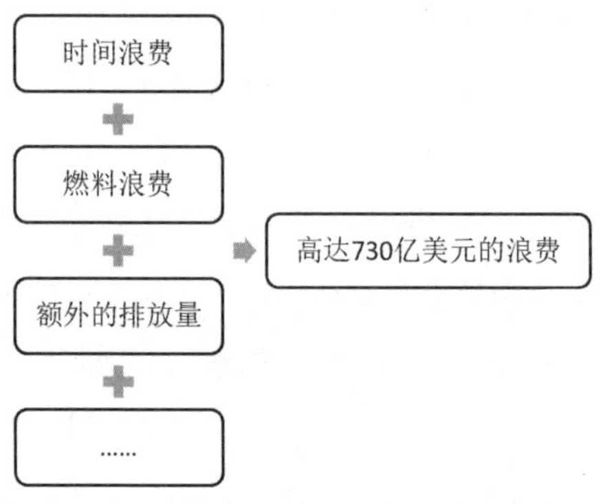

图 4-10　寻找停车位造成的浪费高达 730 亿美元

停车难，源于城市道路资源有限，而不断增加的汽车数量，使城市不得不建设更多的行车道、停车场来解决该问题，因而造成城市的公共生活空间被严重挤压。久而久之，便形成了恶性循环，如图 4–11 所示。

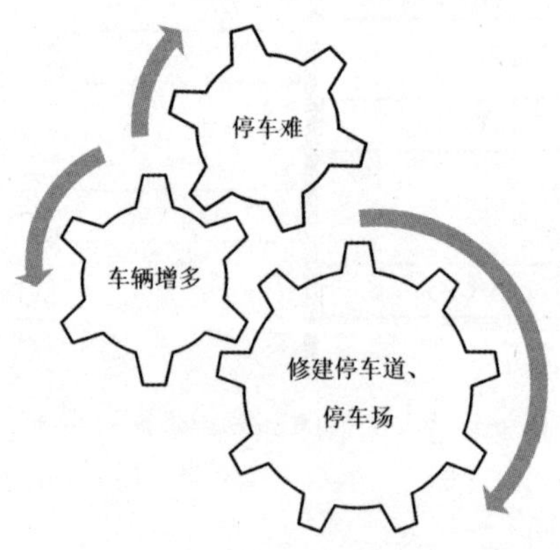

图 4–11　车辆增多形成恶性循环

5G 下的停车系统则有望解决城市特有的“停车难”问题。5G 技术的推广与普及，将推动人工智能无感停车进入爆发期。以往受限于通信质量，停车场尤其是地下停车场往往信号极差，这对以互联网为底层设施的智慧停车十分不利。5G 的到来将彻底改变这一局面。当前，5G 正在与人工智能、车联网等技术协同，共同推动无感停车时代的到来。

目前在站台安检、跨境通关等出行领域都是以人工智能为基础的人脸识别在发挥作用，这是一种相对简单的一对一式的 AI 技术。而车牌识别则属于一对多识别，这就给停车系统提出了新的挑战。而且在路内停车环境下，摄像头长期暴露在室外环境中，极易受雨雪天气、光照等因素的影响，为车牌识别增加了不小的难度。

在人工智能算法不断升级，信息采集系统经过长时间的深度学习以后，未来将实现快速识别、精准识别，并能应对更复杂的识别场景。

现在北京、上海等地的一些停车场中，已经在利用先进的 5G 技术叠加人工智能算法，进行车牌动态识别。不仅一套设备可以同时管理 8~12 个车位，同时识别率更是高达 99.9%，真正做到了无感出入、无感支付和无人值守。

另外，5G 技术还将连接海量停车场和数据，然后向车主显示城市主要道路上的空置停车位信息，最终实现车位共享、平台共享与数据共享，如图 4–12 所示。

图 4–12　5G+AI 下的停车技术

5G 技术是未来汽车变身智能移动互联空间必需的技术保障。通过“智能的车”与“智慧的路”两大技术路线的发展，5G 的技术优势将得到充分发挥。我们有理由相信，未来更智能的车子将更安全、更可靠地行驶在更智慧的路上。

4　5G+ 娱乐：未来娱乐经济的 4 大趋势

自文字诞生以来，以文本为基础的各类阅读一直是人们消遣的主要方式，但这一情况可能在 5G 时代终结。5G 环境下，下一个 10 亿级的用户将主要依靠视频与语音进行交流。未来视频与互动将成为娱乐经济的主体，由此对娱乐业带来的冲击也是巨大的。

科技巨头洗牌传统影视

4G 改变生活，5G 改变社会。在 5G 新技术到来之际，眼光锐利的人都能看到，传统影视将面临更大的挑战。

在传统电影工业中，包括华纳兄弟、派拉蒙等好莱坞电影公司在内的公司，大多是以出租、出售电影为基础的。当互联网企业入局后，由于本身就占据了信息与网络这一先天的分发渠道优势，因此传统电影公司的生存基础将受到极大的威胁与挑战。

仅就美国在线影片公司奈飞公司来说，该企业以在线订阅模式开展的电影 DVD 租赁业务搞得风生水起，还通过在线数据预测了观众口味，其自主拍摄的影片《纸牌屋》更是引爆了舆论，成为全球影视热点。在 2019 年 7 月，该公司明确表态，下一步会斥巨资制作自己的高成本电影。

不仅仅是奈飞公司在参与传统影视工业的“洗牌”，在 5G 时代的技术变革中，那些在普通人看来与“影视”毫无关系的互联网公司，也在利用充足的人员与技术优势推出新产品，推进新应用。

2015 年 1 月，亚马逊成立了独立的影视制作部门，投入巨资扩充了 Amazon TV。

2018 年 11 月，苹果公司与独立制片公司 A24 合作，进军电影业。

在中国同样如此，不管是中国移动、中国联通，还是腾讯、阿里巴巴等早已控制了中国娱乐产业“半壁江山”的公司，必然会对这一变革做出第一反应 —— 这一切是必然会发生的。

娱乐产业互联网化成为必然

5G 改变社会，改变的是信息传播链条上的每一个环节，不仅包括网络，还包括终端、信息形态及具体的生产模式。

在 5G 技术的影响下，由传统影视公司占据的电影院分发优势、内容优势，都将受到来自互联网与硬件企业的冲击，因为眼下更高的视频播放技术早已没有难度，再加上智能化设备的普及，我们在影院体验到的 3D MAX 影像，只要肯花钱，在家中也可以体验到。

当此类 VR、AR 设备普及，以及 5G 的无延迟优势得以发挥后，传统的影院、电视必然会受到挑战。华谊兄弟的股份在 2019 年大跌，旗下推出的电影未受到市场认可，而电影拍摄、发行与宣传等环节都需要投入资金，再加上政府监管部门的要求不断严格，导致大量的人力成本、设备支出与运营成本无法收回，这已经严重影响到了该公司的正常运作。

相比之下，互联网公司虽然同样需要付出拍摄成本，但覆盖用户所需要的成本相对较低，优势自然明显。而在 5G 时代，技术带来的优势更为明显：当在家中可以享受到与影院相同甚至比影院更好的观看体验时，人们自然不愿意多走路。

因此，不管是国外的华纳兄弟还是国内的华谊兄弟，都将被迫重新思考 5G 时代的应对之策，否则旧定位必然会被新技术彻底击溃。

创作者的生产模式将被颠覆

传统的影视创作往往是建立在一套完整的班子的基础上的，因此创作者进剧组便成为必然，如图 4–13 所示。

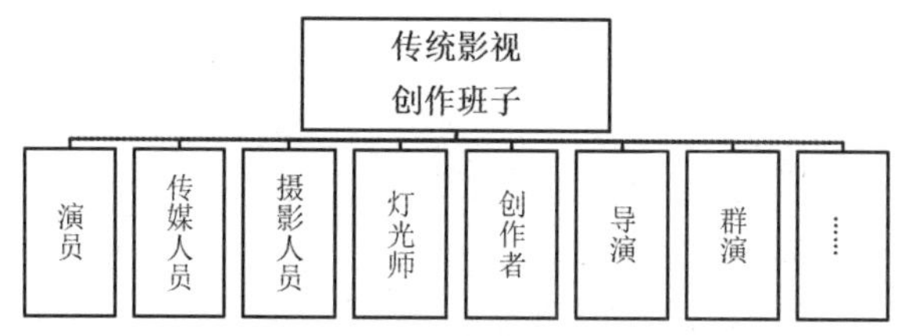

图 4–13　传统影视的创作班子

但智能化时代的到来、生产效率的不断提升同样会发生在娱乐行业，从各类小视频的热播现象中我们已经可以窥见，传统的剧组模式已经面临极大的挑战。

未来这种“小视频”拍摄的智能模式，在 5G 娱乐时代会更进一步。就纪录片来说，一个人就能完成一部影片的策划、拍摄、对话、视频剪辑、传播输出等所有工作，而拍摄者所需要的可能只是一台摄像机、一台电脑、一个智能软件而已。

在这种人力极度简化、操作最大智能化的情况下，影视工作中出现的失误可能会越来越少，而一个人能独立完成的事情将越来越多。

另外，在视频的分发上，5G 时代视频抵达人群的方式更加多样化，也更加便捷，这无疑将省去以往进剧组或传统宣发、地推、广告中介等在内的诸多环节。眼下的“网红经济”与“自媒体时代”，其实就是 5G 时代的缩影。一个人就是一个剧组，所有人都有机会变成“网红”——5G 的到来会让更多人拥有自己独立的创作标签。

在这种环境下，那些拥有才华又能适应、应用新技术的个体，将通过高速信息传播渠道脱颖而出，成为“新明星”。“新锐导演”“青年导演”在未来会有更多机会被人看见，影视市场的创作人才的迭代率将随之提升，影视内容的表现形式也会日渐多样化。5G 时代，更多新颖、低成本的创新形式将不断涌现。

观众的消费模式即将彻底改变

在 5G 技术日渐成熟的过程中，大数据、云计算的加入都在让各个行业不断向“更满足用户需求”倾斜。就像我们在购物网站所感受到的一样，这些网站都立足于我们的不同需求，更有效率、更有针对性地推荐商品信息。不过，这种“差异化推荐”只在购物网站上有所体现，在各大娱乐网站（如购票 App）上推送的内容，却呈现“多人同样”现象。

很显然，这对于挖掘不同娱乐爱好群体的习惯是不利的。在5G时代，大数据的支持会更强大，相关的娱乐爱好数据也会更集中，这将使信息的推荐更有针对性。比如，游戏类、大制作类电影与低成本文艺类电影将针对自身的目标客户展开推送。同理，游戏、娱乐圈艺人的相关推荐也会出现差异化，从而最高效率地促进产品的利益最大化。

5G 时代所带来的另一个消费模式的改变在于“沉浸式观赏”。简单来说，即观众不再是被动的欣赏载体。这一点在游戏领域表现得会更加明显，5G 与 VR 的结合会带来更高维度的传输、连接与表达形式。与传统的观景、游戏甚至艺人见面模式不同，它们呈现的是全方位的沉浸式联系。比如，在艺人见面会上，通过 VR 与 5G 技术，我们甚至可以近乎面对面地看到艺人向我们推荐他所参演的电影，感受他的一颦一笑。这一点在 VR 游戏、VR 电影中也同样存在，电影《头号玩家》中的场景，在 5G 时代将成为观众与娱乐之间的基本互动方式。

虽然这些画面还需要一段时间的技术积累才能实现，但毫无疑问，不管是娱乐圈、影视界还是互联网娱乐企业，都必须提前转型，加大硬件方面的建设力度，并重视技术改造与升级。唯有如此，才能在 5G 的科技巨浪面前站稳脚跟。

另一个值得所有人牢记的点是，不管技术如何变化，娱乐经济的“内容为王”的定律是不会改变的。不管网速多快、硬件多新，消费者永远只会为自己觉得优秀的内容付费——没有好内容，就算拥有再高速率的通信技术，也不会有人关注。

5　5G+ 医学：5G 远程人体手术已然到来

接受手术意味着我们要让一个陌生人在自己身体上真正地“动刀子”，这无疑是一件需要勇气与信任的事情，毕竟风险概率告诉我们，所有医学手术都有一定的失败概率。为了求得高安全性，只要条件允许，多数人会选择让名医医治。可见，在手术这件攸关性命的事情上，人与人之间的信任是通过口碑与技术来建立的。可是，在 5G 进军医学领域之际，人与冰冷的 5G 技术、与机器人之间的信任又该如何建立呢？

5G远程医疗时代正在拉开帷幕

2019年1月，北京301医院里，肝胆胰肿瘤外科主任刘荣主刀了一场“特别”的手术。他在福州长乐区的中国联通东南研究院里，通过5G网络远程操控机械臂，为远在50km以外的福建医科大学下属医院中的一只小猪进行了手术。在将近一个小时的手术结束后，小猪的肝小叶被成功切除。该手术的各参与方如图4–14所示。

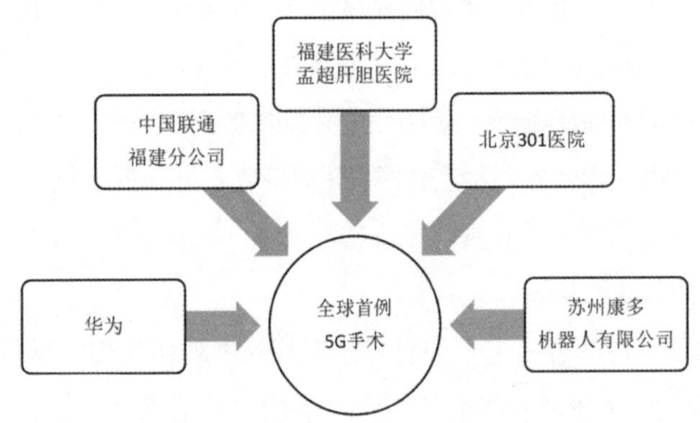

图4–14　全球首例5G手术参与者

这是全球首例5G远程手术，5G网络的稳定性使手术的风险大大降低，远程操作与机械手操作的时延仅有0.1s左右。由此，我国5G手术正式进入各种疾病治疗的临床期。

在医学界，远程手术并不罕见，虚拟现实技术与网络技术的发展，使医生能够对远距离外的患者展开操作。医生根据网络上传来的现场影像展开手术操作，其一举一动转化成数字信息，传递至远程患者处，控制当地医疗器械展开动作。

这一过程乍想起来有些匪夷所思，其实此类技术早已在现实中普遍应用。比如，眼下许多手术都是医生通过内窥镜监视，操纵器械进行的。而网络技术下的远程手术，只不过是将“内窥镜”与“器械”之间的长度从“米”变成了“千米”而已。

当然，此类手术对专家的操作技巧、相关设备的水平及网络速度有着极高的要求。在前两者都达到优秀水平后，网络速度便成为远程手术的最大限制。远程医疗其实在4G时代已经出现，但经过多年发展后依然离设想的目标有很大距离。原因在于，远程医疗对于无线通信的带宽、延时、可靠性、安全性都有极高的要求。仅就手术来说，一旦手术过程中出现网络中断或连接延时较高，就很有可能会造成严重后果。

5G的诞生则使远程手术得到了保障，5G低延时、高速度与大带宽的特点，满足了远程呈现甚至远程手术的要求，使手术即时画面直播的动态能够实时共享，从而为远程医疗带来了创新性变化。

当前远程手术还处于“远程指导”状态

虽然5G时代的远程手术已经得到了一定的发展，但这并不意味着身在纽约的病人可以由身在北京的医生主刀。2019年3月16日，一台在人体上真实践行的5G远程手术，或许可以展示当下的5G手术发展到了哪一步。

这是一起帕金森病“脑起搏器”的植入手术，该类手术最关键的步骤有二：一是植入脑微电极，二是激活脑内神经核团电信号——5G技术辅助完成的，主要是第二步。

在手术过程中，海南与北京两地专家通过4K高清视频会议讨论了手术方案。手术开始后，由北京手术室内的医生完成麻醉、消毒、钻孔和电极植入设备安装调试等操作，由身在海南的神经外科专家凌至培医生完成微电极刺激操作。

在近三个小时的时间里，得益于5G网络实时传送的高清视频画面，患者即时数据与历史诊疗数据的动态得以实时共享，凌至培主任全程清晰地观看与指导了手术过程。在电极植入后，凌医生成功操作了最关键的第二步：在海南用电脑远程发出微刺激指令，电脑直接操控北京手术室内的微电极刺激设备，成功为患者激活了“脑起搏器”。

凌医生认为，整个手术过程几乎没有延迟与卡顿，在与病人交流时，对方与己方的声音、动作等，都如同站在彼此的对面一样。“我甚至忘记了病人远在3000公里以外的北京。”凌医生这样说道。

从患者术后康复情况来看，这是一台成功的手术，不过很显然，这不是一台真正意义上的5G手术。虽然激活是由凌医生完成的，但他并非实际的操刀者，他只是借助于5G的快速，参与了手术过程，并非全程远程操作当地器械展开手术——这显然与我们刚刚提及的2019年1月展开的“远程操作”手术有着巨大区别。

“5G+医疗”的应用场景将不断扩大

5G在医疗领域的作用远不只远程手术，5G带来了网络层的全面提升，这将在很大程度上满足医疗实时性、高效性与稳定性的需求。基于实时的图像、语音、视频等技术，在5G环境中，医生对病人的远程诊断、会诊等操作也将更加高效。与此同时，5G还将在下述应用场景中发挥巨大作用。

深度挖掘医疗数据

在远程医疗基础上，医疗设备可以不断地即时获取患者的医疗数据，如电子病历、生命基本体征、身体活动频率，以及医学影像等。

在5G技术支持下，软件、硬件智能产品的功能都会得到进一步延伸，这将大大有利于对医疗数据的深度挖掘，从而方便医生展开医疗决策，并合理分配医疗资源。

5G 与大数据的结合将实现信息在医生、患者与医院各个部门间的灵活交互。比如，患者转院以后，后面接手的主治医生可以立即接收到前任主治医生发过来的数据资源，进而制定出更契合当下患者身体状况的治疗方案。

方便患者后期康复

5G 时代将涌现出更多的无线智能产品，如智能手环、智能随身监测仪等，这类智能终端将形成一整套的系统。在此基础上，系统内医生可以收集、积累相关医疗数据，在打破时间、空间限制的情况下，实现连续、精准的检测。

比如，中风患者在患病后往往需要定时到医院接受康复锻炼与身体检查，但这对于行动不便的患者来说是较大的负担。在 5G 时代，患者可以在家中通过电脑来接受医生的训练，传感器、摄像机、智能监测仪都会把他们的运动数据、身体变化数据即时传送给治疗的医生，这将大大方便患者的后期康复。

助力快速急救落地

很多突发性疾病都有黄金救援时间，比如，在突发心源性心脏病时，最佳抢救时间只有 4 分钟，即医生们常说的“黄金 4 分钟”。在争分夺秒的急救工作中，5G 毫秒级的低时延优势，可以让医院更快速地做好接待患者的准备。

在上海，这一技术已进入落地阶段。上海市第一人民医院从 2019 年开始便与中国移动合作，并在半年时间内铺就了 5G 网络，更做出了一辆 5G 救护车，以期院内、院外的整个急救流程可以无缝对接。目前只要患者在 5G 覆盖区域，并且上了救护车，就等于入了院，医生团队可以通过 5G 网络指导救护车上的医生及时展开救治。

颠覆传统医疗教学

在传统医疗教学中，通过实践教学传授知识的情况非常有限。比如，手术教学受限于手术室的空间大小、手术精密度等要求，能够近距离观察导师手术的学生往往很少。但在5G与VR技术完美结合后，手术室内正在进行的手术可以高清视频实况转播，而VR的情景体验又可以让学生们如同现场观摩一样，学生们能观察到手术部位的具体情况，主刀医生的手势、操作等细节，同时又可以根据学习情况重放某个手术细节。

可以说，5G对推动医学教育、医疗技术的下沉，以及医疗基层的传、帮、带都有极大的帮助。

推动医疗资源下沉

仅就我国来说，当前我国国内医疗水平分布不均衡，特别是偏远地区，医疗资源匮乏，医生的诊疗经验与救治能力有限。以往医生需要远程奔波到外地学习，回到本院后也无法保证医疗水平的均等。

而5G部署的不断完善必然推动远程医疗的逐渐成熟，特别是5G与人工智能的不断发展，手术机器人与机械手臂在未来必然会不断普及，这对打破区域限制、提升诊断水平与医疗水平将大有帮助。在降低医疗开支的同时，还可以减少患者看病花费的时间，平衡医疗资源分配不均的问题。

在5G技术加持下，异地间医生能够更快地调取医疗信息，开展远程会诊、远程手术、远程医疗教育……可以说，5G网络的到来，意味着优质医疗资源将被更多民众共享、使用，而5G手术成功率的不断提升，也必然会促进人与冰冷的科技之间建立起更多的信任。未来，“把命交给机器医生”的成功案例将越来越多且日渐普遍。

6　5G+ 工业：传统生产全面向智慧型生产转型

受制于网络，3G、4G 时代的物联网通信方式的应用场景更多的是在家庭，而非工业领域。5G 的全面部署带来的是物联网的实现、AR 技术的便利使用。当这些科技得以在工业领域实现时，就意味着传统的生产正在向“智慧制造”转型——工业物联网正在结成，之前一些无法想象的应用正在重塑传统工业。

智能制造时代即将到来

德国生产商曾在汉诺威工业博览会上提出了“工业 4.0”战略，“工业 4.0”的内涵就是智慧生产与智能制造，如图 4–15 所示。

工业4.0			
数字化	智能化	人性化	绿色化

图 4–15 “工业 4.0”的内涵

未来大批量的产品生产已经无法满足客户的个性化定制需求，但小批量生产如何才能获取大批量生产的效率与收益呢？这就需要制造商启动高精密、高质量、个性化的智能工厂。而有关智能制造，各国标准不同。目前，国际上通认的智能制造是信息技术、智能技术和装备制造技术的深度融合与集成，是面向产品全生命周期的、实现智能生产的信息化制造。智能制造的基础、途径与目的如图 4–16 所示。

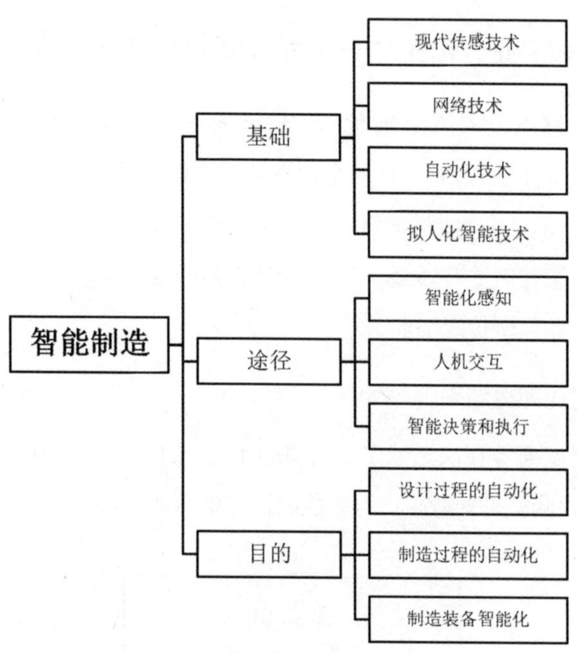

图 4-16　智能制造的基础、途径与目的

未来以智能工厂为载体，以关键制造环节智能化为核心，以端到端数据流为基础，以网络互联为支撑等，智能制造能做到缩短产品的研制周期，降低资源、能源消耗，降低运营成本，提高生产效率，提升产品质量。智能制造所依赖的各类技术如图 4-17 所示。

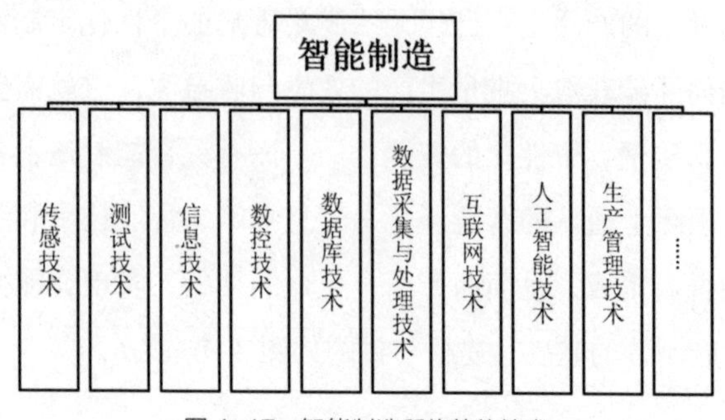

图 4-17　智能制造所依赖的技术

2018 年，我国工业和信息化部开展了“2018 年智能制造试点示范项目推荐工作”。该项目明确了未来智能制造试点示范项目必须满足的多个条件，如表 4–1 所示。

表 4–1 2018 年智能制造试点示范项目必须满足的条件

总体设计	车间、工厂的总体设计、工艺流程及布局均已建立数字化模型，并进行模拟仿真，实现规划、生产、运营全流程数字化管理
工艺技术	应用数字化三维设计与工艺技术进行产品、工艺设计与仿真，并通过物理检测与试验进行验证和优化
管理系统	建立产品数据管理系统（PDM），实现产品设计、工艺数据的集成管理
制造装备数控化率	制造装备数控化率超过 70%，并实现高档数控机床与工业机器人、智能传感与控制装备、智能检测与装配装备、智能物流与仓储装备等关键技术装备之间的信息互联互通和集成
生产可视化管理程度	建立生产过程数据采集和分析系统，实现生产进度、现场操作、质量检验、设备状态、物料传送等生产现场数据自动上传，并实现可视化管理
车间制造执行系统	建立车间制造执行系统，实现计划、调度、质量、设备、生产、能效等管理功能
企业资源计划系统（ERP）	建立企业资源计划系统，实现供应链、物流、成本等企业经营管理功能
安全体系	（1）建有工业信息安全管理制度和技术防护体系，具备网络防护、应急响应等信息安全保障能力 （2）建有功能安全保护系统，采用全生命周期方法有效避免系统失效

由上表中强调的工艺技术、数控化程度等可以看出，智能制造与智

慧化生产的关键在于，建立一个远比传统工业生产更灵活的个性化的生产模式。

5G 将成为工业 4.0 时代的基础条件

5G 技术全面部署后，工业领域最大的改变在于工业物联网将全面革新。普通物联网与工业物联网的区别如表 4–2 所示。

表 4–2　普通物联网与工业物联网的区别

	普通物联网	工业物联网
相同技术	云平台，传感器，连通性，机器到机器的通信和数据分析	
不同目的	连接多个纵向领域，包括农业、医疗保健、企业、消费者和公用事业，以及政府和城市告示	在石油和天然气、公用事业和制造业等行业中连接
不同用户	普通用户	工业、企业
不同服务侧重点	服务公众生活	服务高风险项目

工业物联网需要重点部署系统故障与停机时间等因素可能会导致的高风险情况，同时也更需要关注效率与安全等方面。而 5G 的高稳定性、低时延、高带宽，将满足工业物联网的绝大部分连接需求。

在工业物联网实现的前提下，工业自动化生产将进入一个全新的时代。

工业自动化控制得以实现

自动化控制是制造工厂中最基础的存在，其核心是闭环控制系统，如图 4–18 所示。

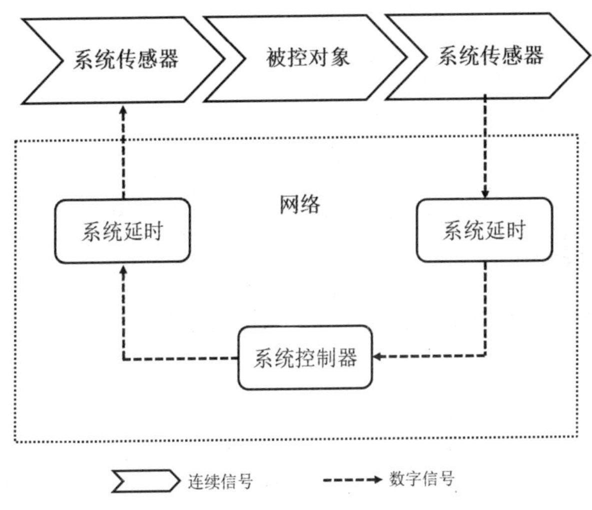

图 4–18　工业自动化中的闭环控制系统

图 4–18 所示的是一个简单的闭环控制系统。在该系统的控制周期内，每一个传感器都会在不同设备间进行连续的测量，测量后得到的数据会传输给控制器与设定执行器。在工业生产场景中，可能存在多个传感器，典型的闭环控制过程的整个周期低至毫秒级别，且对可靠性要求极高。

若生产过程中时延过长，或控制信息在数据传送的过程中出现了错误，便有可能导致生产停机，造成巨大的财物损失。而 5G 的网络特性会让工厂方有望通过无线网络连接闭环控制应用。

物流追踪会更高效

5G 将在智慧生产过程中进一步优化现有的物流体验，它不仅能提升工人作业的安全性，同时也能提高资产的定位与跟踪效率，还能实时跟踪所有进入物联网的在途商品。

未来随着在线购物业务的增多和个性定制商品的增多，资产跟踪将变得更加重要。不管是从仓库管理到物流配送，还是从工厂与供应商的端到端整合，抑或是买家与卖家之间的连接，5G 的低成本、广覆盖都将有助于物流业的发展。

云化机器人普及

智能制造生产场景中需要机器人来配合生产需求。5G 到来后，现有的工业机器人将进一步升级、进化。

（1）安全性方面。5G 连接工业机器人后，可以实时监控工业机器人的工作状态，一旦出现突发状况，工人可快速远程停止操作，有效避免工业机器人伤人或自伤情况的出现。

（2）云化方面。智能制造场景中，机器人需要有自组织、自协同能力以满足柔性生产，这就带来了机器人云化的要求。而机器人云化要求无线通信网络必须具有低时延、高可靠性等特点，5G 技术刚好满足了这些特征。

（3）灵活性方面。5G 网络的高速率使机器人能更高效、更快捷地接收信息与指令，再加上 5G 可以连接上万、上亿台设备，这为机器人与机器人、机器人与命令台之间的庞大数据分析和可靠传递提供了可能。

在 5G 的辅助下，未来会有越来越多机械化的工作被智能机器人取代，最典型的莫过于我国最大的制造工厂之一富士康。作为制造业劳动力的领头羊，富士康如今已广泛使用机器人来取代人工劳动力，且正计划在 2022 年以前引入几百万台机器人进厂工作，而 5G 恰好可以完成如此多台机器人的连接与指令需求。

工业 AR 进一步普及

在未来的智能生产过程中，机器人虽然会取代大量的重复劳作的工人，但留下来的人才将发挥更重要的作用。而且因为未来工厂拥有高度的灵活性、多功能性，为此车间工作人员将面临更大的考验。

为了快速满足新任务和生产活动的需求，AR（Augmented Reality）

技术将发挥很关键的作用。这是一种将虚拟信息与真实世界巧妙融合的技术，如图 4–19 所示。

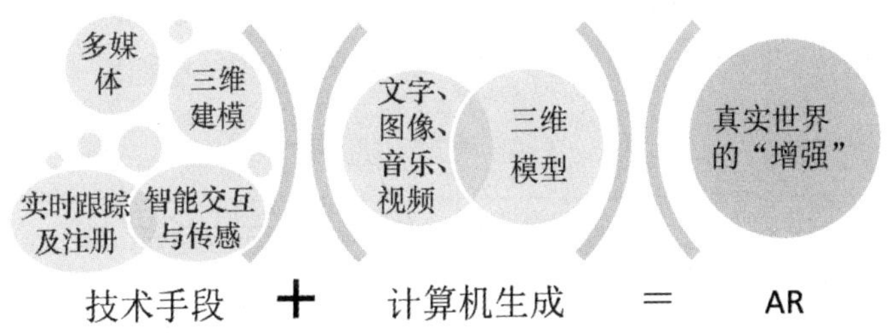

图 4–19 AR 技术将虚拟信息与真实世界巧妙融合

在 5G 环境下，AR 技术将在智能制造中发挥如图 4–20 所示的功能。

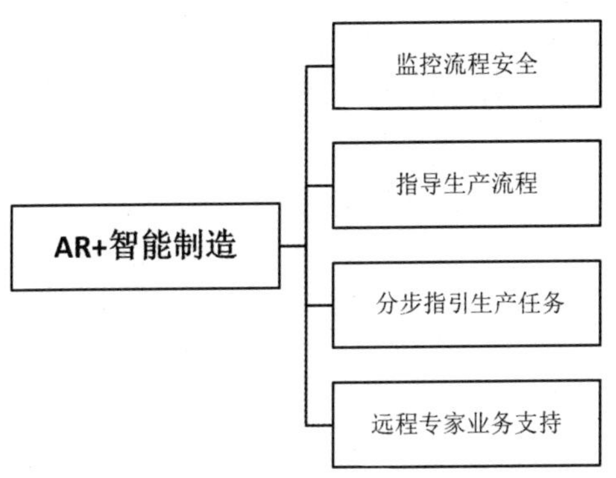

图 4–20 AR 技术在智能制造中发挥的作用

在这些应用中，需要 AR 设施拥有相当强的轻便性、灵活性，以便工作高效展开。仅就远程维护来说，AR 设备在工作过程中需要通过网络实时获取如生产设备数据、生产环境数据、故障处理指导信息等必要内容。

在这种场景中，AR 眼镜所显示的内容，必须与 AR 摄像头同步运动。这意味着从 AR 眼镜的视觉移动到 AR 图像的反应，时间间隔必须少于

20ms，否则便有可能出现“失步”现象，错过重要的步骤。5G 条件下完全可以满足这一实时性体验的需求。因此我们可以预见，未来工业生产中，AR 技术必然与工业机器人联手，使工业智能制造更先进。

未来智能制造下的智能工厂将呈现表 4-3 所示的联动模式。

表 4-3　智能工厂的联动模式

智能工厂	场外物流跟踪与配送	（1）对商品进行场外的实时追踪监控，确保整个配送环节最优化 （2）更高速、更稳定的 5G 网络可以显著提升无人机实时精准定位的能力，确保配送的准确性与及时性，降低人工成本
	远程监控与调试	设备商可以通过 5G 对销往不同区域的设备仪器的状态进行实时监控，实现故障预警，并且进行远程调试
	大范围调度管理	5G 可以服务于港口、矿区等占地范围较大的区域，支持货物甚至运输设备本身的大区域智能调度
	多工厂联动	多家工厂之间的全面数据互联，打破信息孤岛，实现不同工厂间、不同设备间的数据交互链接
	远程作业	通过 VR 和远程触觉感知技术与设备，遥控工业机器人在现场进行故障诊断、修复与作业，降低维护成本

在我们所预想的画面中，5G 技术已成为支撑智能制造转型的关键技术，是实现工厂高效联动、柔性生产的基石。未来以工业物联网为核心的工业生产厂商的大规模推广与应用，也必然极大程度地缩短 5G 技术的面世时间，为进入实现工业 4.0 时代打下坚实的基础。

第五章

CHAPTER 5

挑战：制造商的至暗时刻

5G 的实现需要广泛的技术变革和持续创新作支撑，需要制造商站在创新的前沿，确保 5G 网络的质量与可靠性。一个具有代表性的案例就是，AOI 技术可以实现更快、更精准的 PCB 检验和验证，满足未来高频、低信号延迟的 5G 系统所需要的技术要求。

1 创新背景下，制造业架构将发生巨大变革

传统企业的基础网络布局，一般是从每个员工的办公终端，或者车间和工厂的终端，通过两三层转换构成一个公司的局域网。

由于 4G 带宽限制，一个核心交换机连接的终端有限，它们需要层层堆叠。这就意味着在上万人的大工厂中，可能会有上万个端口与数十台交换机。这些交换机连接起来，再转换到上一层，便是传统工业生产的组网方式。

这种生产方式最大的缺点就是，因为挂载的设备太多，故障率高，防入侵的保障很难做，导致对终端的管控能力较弱。

在 5G 时代，这一架构会被磨平，即员工的终端设备将直接连接到 5G 基站，企业网络完全扁平化，从而可以增强生产的可靠性、安全性。

5G 架构下将极大节约研发、设计、生产成本

在 4G 时代，VR 与 AR 技术虽然被“炒”得火热，但因为带宽达不到，所以在商用领域，这两个技术并未得到市场认可，更妄谈工业领域的研发与运营了。而在 5G 时代，得益于网速的提升，工业级的 VR 与 AR 技术会日渐成熟。

工业级应用的 VR、AR 模型数据往往极其庞大。以一部 iPhone 的研发来说，每一部手机都有上千个零部件，而这些零部件来自逾 200 家供应商。传统生产中往往需要将每一个零件按 1 ∶ 1 大小的模型模拟并精密组装起来，再真实试验其可靠性。可这些零件往往是在不同的供应商那里生产的，对于相对复杂、高端设备的制造，往往需要多个供应商参与，最终再在一个工厂整合、组装。任何一个部件不合格，都会影响整部手机的制作。

在 5G 时代，这种传统的研发与生产方式将得到改进，每个供应商

所供应的模块都将通过 VR 技术实现实时组装。这样一来，后续的零件优化或系统设计是否合适，材质的强度是否恰当，便会一目了然。

生产阶段更是如此，传统上，特别是精密设备的生产往往复杂而昂贵，像很多医疗设备几千万元才能买到一台，其安装、调试过程也相当复杂，如图 5-1 所示。

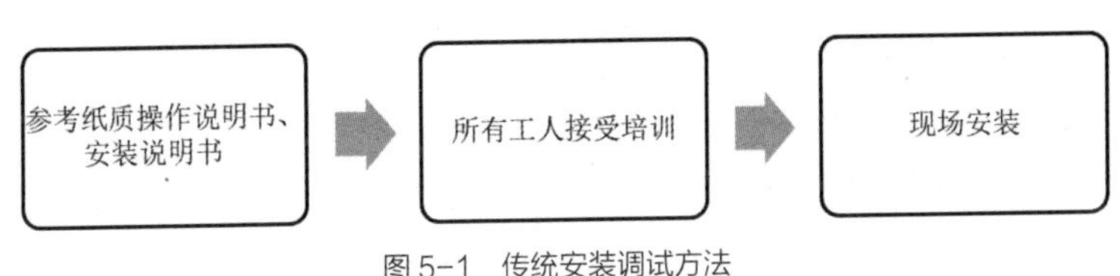

图 5-1　传统安装调试方法

不过精密设备的软件支持更新迭代非常快，操作手册也需要相应地变更，若依然沿用传统的调试方法，很可能会出现有些地方没有更新，或者因为网络延迟未接收到更新通知的情况。如此一来设备便有可能出错。

5G 时代的高精密产品的安装调试则不需要如此麻烦。交付产品时，生产商可能会同时交付一套 VR、AR 的作业指导。通过 AR 眼镜，安装工人可以直接观看演示进行安装，如果有问题，远程工程师可以在线支持。双方通过 5G 同步互动，安装工人可以通过 AR 眼镜看到 1 ： 1 的真实场景 —— 设备该怎么装配、实际的装配尺寸有多大、检验过程中出现了哪些纰漏……这些问题都可以迎刃而解。

智慧型生产关系诞生

5G 对整个传统制造业存在“滞后效应”，因为传统制造业是一个整体的生态，要对这一生态进行再造，其难度可想而知。比如，机械制造领域的模具制造是许多制造业产业链的中间一环；在汽车业中，车商将车子设计好后会向模具厂下订单并发送图纸。

5G 时代，在车商的设计阶段，模具制造商便会参与进来，最有可能的场景是，这边零件设计图刚弄出来，那边就已经同步做出了模具，双方可以按虚拟仿真的方式，对加工精度、生产良率等做出预判。若整车出现变更，模具的设计制造也会做到同步变更。

未来，随着个人对独特产品的爱好与需求的增多，制造业肯定会出现大规模的定制需求。虽然4G时代也有定制产品出现，但是车商往往无法将个性化的定制需求信息及时传递给供应商，这使个性需求无法通过产业链一层层地传递下去。在这种情况下，个性定制的范围很有局限，像汽车的定制，目前仅仅是车身颜色、内饰等简单的个性化需求可以实现。

不过在5G时代，随着供应链的扁平化，每一个批次、每一个零件都有可能按个性需求去定制、去生产，所有信息都会同步到整个制造商供应链上。汽车供应链不会再分为一级、二级、三级，车商能够直接与最末端的零件供应商形成联系。在直接沟通的情况下，制造产业的生态将得到极大的改进。

实现大规模定制有一个必要的前提，即行业内的社会分工会日渐明确且细节化。未来的企业竞争绝对不是某家企业与另一家企业之间的竞争，而是一家企业带着自己的伙伴和供应商，与另一家企业竞争——此时衡量企业竞争力强弱的，是企业的“供应链朋友圈”这一生态的强弱。

而要强化“供应链朋友圈”，就需要主导企业对供应链有极强的控制力，以将客户个性化定制需求迅速地传递到整个产业链，使他们与主导企业高度协同，甚至兼容同一生产系统、同一研发模式。

因为信息通道的打通，企业的竞争模式也会发生巨变。以前企业的“护城河”往往是传统的垄断性优势或是技术上的积累，但在5G时代，这些都有可能被打破。

2 5G 手机与 4G 手机没有大的区别，为何手机制造商还争先恐后

如果你实地到营业厅看过 5G 手机，你会发现，不管是华为还是 VIVO 推出的 5G 手机，与现在的 4G 手机相比，并没有大的区别。我们姑且将第一批上市的 5G 手机称为“初期 5G 手机”。在看不到改变的情况下，为何手机厂商还争先恐后地在 5G 领域投入重金进行研发？

5G 手机与 4G 手机最大的差别在于基带

一部手机由硬件与软件两部分组成。手机硬件由多个模块组成，如相机模块（前置 / 后置摄像头）、音频模块（扬声器、话筒、耳机插孔），以及学名为触屏交互模块的液晶屏幕等。软件又分为操作系统软件、应用软件等，比如，大家所熟知的安卓系统和苹果系统，还有在此之上的各种 App 等。

初期 5G 手机不管是硬件还是软件，都不会与 4G 手机有大的差别，而像摄像头、指纹识别、液晶屏幕等非通信部件，更是没有 4G 与 5G 之分，4G 可以用的 5G 也可以用。

5G 手机与 4G 手机最大的区别在于通信模块——手机之所以是手机，而不是掌上单机游戏机，就是因为它有通信模块。想象一下，如果你的手机不能联网，你是否还会“机不离手”？ 5G 手机之所以比 4G 先进，就是因为它的通信模块更先进。

更先进的通信模块与更快的网速

通俗地讲，“通信模块”就是 5G 的基带芯片。

5G 手机芯片，是指手机 SoC 芯片（System-on-a-Chip），也就是手机的主处理芯片，而基带芯片是主处理芯片的一部分。

主处理芯片包括基带芯片，而基带芯片又包括基带部分和射频部分。

基带芯片负责处理最基础、未经调制的基带信号，它相当于我们上网时使用的“猫”，决定着手机支持什么样的网络制式（GSM、CDMA、WCDMA、LTE 等）、具体的速度能达到多快。

再简单一点来说，基带芯片就相当于我们电脑的网卡，它负责的是数据的收与发。比如，华为推出的“麒麟 980”处理器就是手机主处理芯片，而华为的“Balong 5000”就是手机基带芯片。高通的“骁龙 855”处理器是手机主处理芯片，它的 5G 基带芯片是“X50”。

基带芯片的性能是决定手机主处理芯片性能的关键。苹果的主处理芯片非常出色，但是其基带芯片是英特尔基带，而后者直接导致了苹果手机在某些地方的信号质量极差 —— 用了差的基带芯片，苹果手机的通信能力立即被拉低了一大截。

而 5G 芯片最大的好处在于，它支持 5G 所有的通信频段，从理论上讲，它可以让手机实现最高 10Gbps 的数据下载速率。这一速率远超当下所有的 4G 手机（目前 4G 极限速率为 150Mbps）。

不过，由于 5G 网络还在部署中，因此 5G 手机当前对消费者其实并没有大用。“理论上美好”造成了这样的窘境：虽然从 2019 年 8 月开始，国内各大手机运营商已经开始全面清理 4G 手机存货（见表 5-1），并铺货 5G 手机，但 5G 手机的购买者依然寥寥。

表 5-1　部分在售 4G 手机打折情况（2019.08）

品牌及机型	促销情况
华为主力机型 P30、P30 Pro	售价分别下调了 300 元、500 元
小米 9、Note 9	降价 100~400 元

续表

品牌	促销情况
VIVO X27	降价 200~400 元
OPPO Find X	降价 1000 元
荣耀 Magic 2	降价 700 元
苹果部分在售机型	降价 300~500 元

没有 5G 网络就意味着，即使买了 5G 手机我们也不能用，再先进的 5G 模块也只是摆设。更重要的是，这种“提前消费”毫无意义。根据国内三大运营商公布的部署方案，2020 年 5G 网络方可全面启用，而手机的平均更换时间为 10 个月以上，这就意味着，部分用户为了尝鲜而于 2018 年 8 月购买的 5G 手机，恐怕到时已经过时。

但令人疑惑的是，在消费者不买单的情况下，三星、华为、小米、VIVO、中兴等手机厂商为何还要纷纷抢占市场？

营销噱头？战略卡位？价值定位才是最终目的！

手机厂商抢占 5G 市场有三个原因。

为了抢占营销噱头

在科技界，成为“第一个”“第一批”往往意义非凡。首发的先进处理器、首个曲面屏、首个实现双摄像头……这些“首个”对于手机商来说意义非凡：只有拥有雄厚的技术实力的厂商才有机会先发制人，为消费者带来最新体验。就如同大家都记得珠穆朗玛峰是世界第一高峰，却很少有人记得谁是第二高峰一样。“第一”会让手机厂商迅速进入消费者的大脑，在吸引关注的同时形成特别的卖点。

为了战略卡位

不管是否发布了 5G 手机，全球范围内的主流手机巨头都正在布局手机技术、研发硬件，这是因为在5G标准确立与商用过程中，只要扮演了重要角色，未来就有机会掌握重要的话语权。而且，2020年已经到来，在5G真正被商用以前做到先发制人，才能在手机的“红海”里占尽先机。

为了抢占价值定位

智能手机的使用体验一直在改变手机的价值定位。

2G时代的手机是通信工具，可以发短信、打电话；

3G时代的手机是上网设备，而且是过渡产品，顶多算是无法用电脑时的备选方案；

4G时代的手机则截然不同，它有取代电脑的能力，此外也承载了更多功能，成为人们的数字生活助理，是工作设备，是娱乐工具，是电子钱包，是网络身份证，甚至是公交卡；

5G手机将取代PC设备，成为个人智能助理。

从2G到5G，手机的价值定位如图5–2所示。

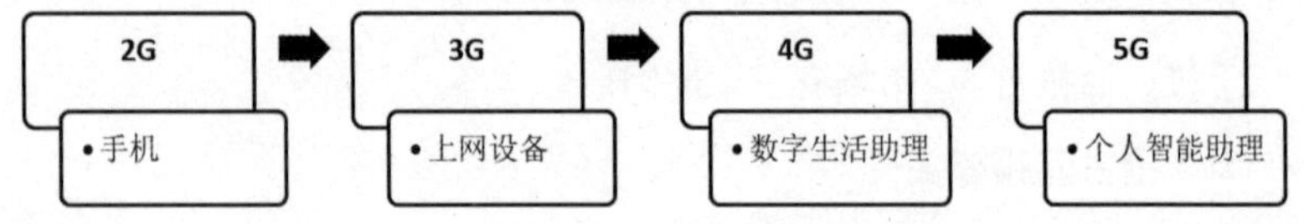

图5–2　从2G到5G，手机的价值定位一直在变化

5G更高的速度、更低的时延、更大的容量，带来的是更丰富的应用空间。而这更丰富的空间背后，则是5G手机价值的扩展。未来5G手机将不只是数字生活助理，还是智能助理，它不仅能承载高清视频、高清直播等功能，同时借助云端+终端+AI技术还会变得更“聪明”，可以帮助人们完成更多任务，提供秘书式的娱乐、协作、金融生活等服务。

而且5G低延时和高带宽的特点会催生出更多的行业应用。这就意味着，未来5G手机会成为一个端到端生态系统的入口，帮助个人切入全移动、全连接社会，使我们在虚拟世界与现实世界中实现无缝对接。

也就是说，除基础的通信技术以外，人工智能、云计算等前沿技术也会通过5G手机与个人生活形成联系。前文中我们已经提及，在5G时代，App将成为过去式，在5G手机会变成新时代入口的大趋势下，谁抢占了首位，谁在“5G手机”领域赢得了消费者的认可，那么未来谁就有可能成为下一个“苹果”。

这才是手机厂商抢滩5G的原因：错失了5G，便有可能错失一个时代，一个成为“王者”的机遇。

3 抉择的风险：错选英特尔，苹果险跌下神坛

2017年1月，苹果公司对高通提起了索赔10亿美元的诉讼，指控这家芯片制造商对其芯片产品收费过高，随后高通发起反诉。

2019年4月17日，在公开交恶、对簿公堂两年多后，两大巨头最终选择握手言和。双方宣布，撤回全球范围内的所有诉讼，结束了这场决定苹果命运甚至是整个智能手机行业未来走向的“世纪之争”。

世纪诉讼源于“整机专利费”

可以毫不夸张地说，苹果与高通之间的诉讼是决定智能手机行业的世纪诉讼，其本质是两大高手关于专利收费方面的争执。

凭借iPhone系列的出色产品，苹果一跃成为全球市值最高的科技公司，同时更斩获了智能手机行业最高的利润。相比之下，高通则是无线通信行业的奠基者，直接制定了3G与4G时代的行业技术规则。更重要的是，依赖自身的骁龙芯片和基带芯片，高通一直被视为Android阵营抗衡苹果系统的最佳助力者（除华为以外）。

苹果之所以起诉高通，为的是挑战整机价格收费的专利授权模式。整机收费，即按照每部手机售价的一定比例收取专利费，而非按每部手机收取固定的费用，这一费用标准从2.275%~5%不等。5G专利研发成功后，在2018年8月，高通宣布其对5G专利的收费标准为：

单一联网模式手机的费率为2.275%；

多模式的手机的费率为3.25%。

这一费率表面上看并不高，但仅就苹果每年高达亿台的手机销量来说，明显高通得益非常之高。我们就拿iPhone 4S来说，只有芯片是高通公司的，手机其他的零配件与高通并无关系，但专利费是按整机来计算的。这就意味着不管是屏幕还是电池，每一个手机部件高通都要拿走其中5%的利润——可想而知，这对使用高通专利的手机商造成了巨大的压力。

其实，手机厂商们对高通的收费模式非议颇多，但都无可奈何，因为这并非高通开创或独有的，而是移动通信行业沿用了数十年的固有秩序。曾经的移动通信霸主摩托罗拉、诺基亚，都是按照这一标准收取专利费的。

当时之所以采用这一收费模式原因也很简单：为了推动整个移动通信行业的发展，鼓励通信巨头投入资金与资源进行研发，并享受行业发展带来的高额回报。

而高通现在之所以可以坐收专利费，是因为其是3G与4G时代专利权最多的公司。前期高通曾不惜血本地投入巨额研发费用：创办至今，仅在无线通信技术研发方面，高通已累计投入了超过500亿美元；自2006年以来，高通始终会拿出20%甚至更多的营业收入投入研发领域，这是其他科技巨头无法做到的。

值得一提的是，中国国家发改委于 2015 年向高通开出了 9.75 亿美元的天价罚金，同时也将整机收费的最高比例调整到了 3.25%。表面是“罚”，但其实是国家已认可了高通的整机收费模式。在国家认可的前提下，目前所有使用高通专利的中国品牌都要向高通缴纳整机专利费。

执着不认输，苹果险走下神坛

眼光独到的人一眼就能看出，其实从一开始苹果就不占上风，因为两者的地位截然不同：苹果能做的只是拒绝向高通付费，打击高通的营业收入与业绩；而高通却可以凭借苹果侵犯其专利的事实，通过连续的禁售令，直接打击苹果最为依赖的 iPhone 业务。

事实也的确是这样发展的。不管是中国、美国还是德国的法院，都认可苹果产品侵犯了高通的专利技术，并禁售了某些型号的 iPhone。

但这起诉讼最有意思的一点在于，明显占据上风的高通反而频频示好，多次暗示有意和解；明显处于不利境地的苹果却摆出一副“绝不认输”的姿态，多次表示要“战斗到底”。究其原因，莫过于双方的核心诉求截然不同：高通要的是苹果继续支持专利授权费，以从每年数亿台的 iPhone 销量中分一杯羹，而苹果想的却是如何颠覆高通的专利授权模式，守住并扩大 iPhone 的收益。

两大巨头相争的结果是，两者皆承受了巨大的损失与压力。

高通营收下降，研发投入压力倍增

作为研发巨头，技术授权营收可谓高通的生命力来源。在半导体业务的营收中，高达 80% 都是税前利润，这给高通带来了 2/3 的利润。高通会将这些利润中的一大部分继续投入前沿基础研发中，研发出产品后再授权给业界使用。如今苹果拒绝与高通合作，就意味着高通每年少了几十亿美元的授权收入，研发投入也受到了影响。

5G压力近在眼前，研发投入却跟不上，对于高通这种“吃技术、靠专利”的公司来说，一年内无技术突破，就可能面临没落甚至全军覆没的危险——高通的压力明显不小。

苹果营收下降，与英特尔合作爆发“信号门”

众所周知，虽然近年来苹果正在全面推进业务多元化，但其严重的iPhone依赖症丝毫未减。据2018年的年报显示，苹果有6成的营业收入来自iPhone。但是在2018年第4季度，苹果营收下滑了5%，其关键原因就是iPhone营收下滑了15%。

虽然从iPhone 7开始，苹果便开始混用高通和英特尔两家的基带，以期“去高通化”。但在iPhone营收下滑期间，恰恰是2018年推出的3款新iPhone（iPhone XS、iPhone XS Max和iPhone XR）使用了英特尔基带，且传出了信号不稳定甚至直接无服务的负面信息。

这种不利局面直接打压了苹果“血战到底”的斗志，而华为、三星纷纷进军5G带来的巨大压力，更是令苹果面临了“杀敌五百，自损一千”的窘境。此时，“苹果即将成为第二个诺基亚”“苹果走下神坛”之类的新闻层出不穷。

不过从2019年4月的和解来看，这一切都已成为过去——公开交恶以后，巨头握手言和，留下英特尔在5G领域一地鸡毛。

知畏惧，苹果在5G时代迎面赶来

知畏懂变，是企业长久生存的关键之道。苹果放下执念与高通和解，恰恰是这种知畏懂变精神的直接体现。

从采用英特尔基带导致的“信号门”事件开始，苹果便已经意识到自己选错了合作对象。其实在2018年第4季度，全球范围内的所有智能手机终端都出现了销量停滞，而苹果更是遭遇了直线下滑式的销量暴跌，其中，高定价、信号差都是影响 iPhone 竞争力的重要原因。

更令苹果尴尬的是，从 2018 年年末开始，全球范围内的主要运营商都已开始部署 5G 网络，以期在 2020 年实现 5G 大规模商用 —— 苹果作为手机巨头，却找不到可靠的基带可用！虽然大力推进与英特尔的合作，但英特尔 5G 研发受阻，无法及时保障苹果的使用。苹果一度向三星求购基带、芯片，但三星非常不给面子：自家的 Exynos Modem 5100 基带供给自家的三星 S10 5G 版都不够用，哪还有多余的出售给对手。

虽然苹果已经开始组建自己的研发基带芯片的团队，但新手在这一领域不可能具有真正的竞争力。转向华为求助？可目前华为与美国关系如此僵硬，作为美国本土企业，苹果必须考虑到政治因素。

再能干的巧妇也难为"无米之炊"，苹果承受不起 iPhone 在 5G 时代没有基带的惨烈后果。因此苹果选择了与高通和解，有了高通加持，苹果未来的产品竞争力将得以保证，虽然不知胜负，但 2018 年纯英特尔版 iPhone 造成销量直线下跌式的情景将很难再现。

虽然诸多对手纷纷推出了 5G 手机，但与高通和好的苹果显然不再着急。2019 年，苹果 CEO 蒂姆·库克表示，5G 不是苹果需要考虑的问题。但按苹果的保密作为与习惯性非常态出招，我们可以预见，在不久的将来，苹果必然会在 5G 领域推出不同凡响的产品。

4　谁能颠覆性创新，谁便能生存

其实面对 5G，苹果回归高通的选择是明智之选，因为回顾诺基亚的历史我们就会发现，如果在新技术当前时不能迅速把握，便极有可能沦入至暗时刻。

诺基亚的溃败源于技术上的傲慢

从图 5–3 我们可以看出，诺基亚曾是当之无愧的王者。

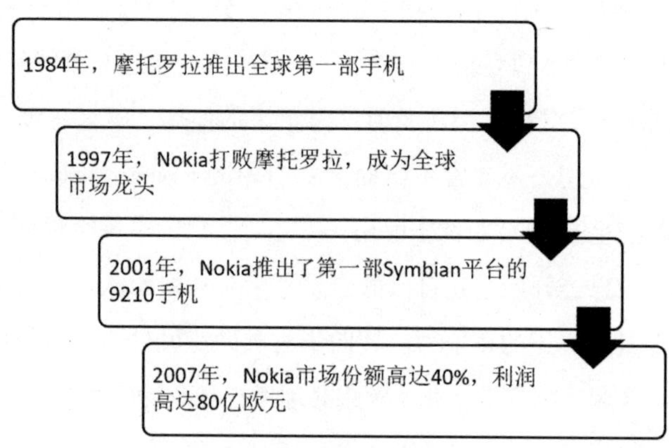

图 5–3　诺基亚曾是手机领域的王者

1997 年，诺基亚销量首次全面超越摩托罗拉，站到了手机龙头市场上。彼时，街上人人一部诺基亚，不同型号、不同颜色，手起接电话，手落砸核桃。不小心掉地上了、掉水里了？没事！捡起来擦干净，毫无影响。

当时的诺基亚靠着过硬的质量，在长达 14 年的时间里，在全球手机市场内几乎一手遮天。可以说，在那 14 年时间里，诺基亚是无数人的青春与奋斗目标。

遗憾的是，好景未能永远如此，智能机的袭来让固守旧江湖的诺基亚瞬间被拉下神坛，如图 5–4 所示。

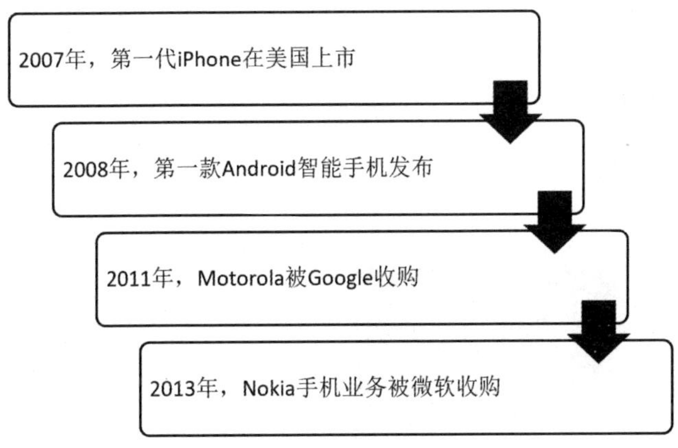

图 5-4　诺基亚被拉下神坛

在智能机特别是 iPhone 大火并成为“街机”时，曾经的诺基亚蜕变成人们的记忆。人们缅怀它，却不会再为它花钱。

诺基亚的失败源于其墨守成规，在新技术面前，诺基亚不愿意接受颠覆性创新。诺基亚公司的口号是“Connecting People”（科技以人为本），在这一理念下，整个公司的设计都是围绕着为客户“提供更出色的通信功能”而展开的，如图 5-5 所示。

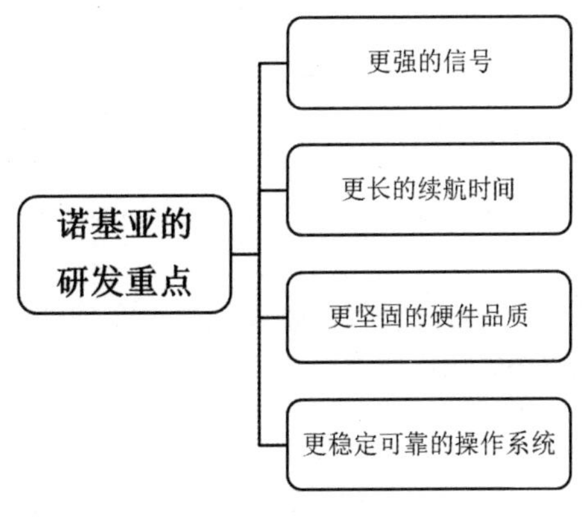

图 5-5　诺基亚手机的研发重点

在2007年，苹果发布了第一代iPhone，开启了智能手机的新时代。在划时代的iPhone诞生后，整个手机界都为之震撼。三星、摩托罗拉全面调整自身战略，以期不被未来更便捷的通信时代淘汰。但诺基亚依然坚守自己的理念，认为通信是电话的主要功能，丝毫未看到通信界对4G技术的研究正如火如荼。

诺基亚手机　苹果手机

图5-6

2008年，国际电联开始向全世界征求4G候选技术。此时若诺基亚把握住时机，或许还可迎头赶上，遗憾的是，诺基亚依然傲慢，依然执着于原有的生产方向，但其不知，此时另一个新兴手机品牌已悄然崛起，并将在不久后的几年间轻松将其取代。图5-6所示为当时的苹果手机与诺基亚手机对比。

说诺基亚毫无创新，对该品牌无疑是不公平的。在2006年，诺基亚推出了触屏手机。可该手机屏幕极小，只能通过一种形似牙签的“触控笔”进行操作，且内存小，用起来非常不顺畅。该手机上市后销量极差。

这款手机的失败，让诺基亚对通信市场的需求作出了错误的判断。于是，在苹果不断研发出更优秀的触屏手机的同时，诺基亚却在不厌其烦地对手机进行抗摔性与硬度测试，并最终将自己的品牌真正变成了“板砖”。

当年的诺基亚，今天的苹果

如果5G当前，苹果未与高通达成和解，那么我们完全可以说，苹果就是下一个诺基亚。因为二者面临的是相同的发展轨迹，即在科技创新放缓的情境下，如何选择走向。

当年诺基亚在3G时代超越摩托罗拉，一跃成为手机霸主，后来苹果趁着4G的优势，把诺基亚拉下王座，建立起苹果帝国。看似前程繁花似锦，但2018年第4季度的销量下滑，恰恰反映了苹果的困境。

与诺基亚一样，正处在巅峰的苹果，背后是缺乏颠覆性创新的隐患。当年诺基亚的渐进式创新是日复一日做抗摔性试验，而现在的苹果则是不厌其烦地对产品的尺寸、颜色、摄像头像素等进行改进。从iPhone 4开始，我们很难看出iPhone系列出现真正意义的颠覆。而对颜色、尺寸进行小的修改，一方面是为了一点点地刺激销量与股价，另一方面则是为了掩盖自身创新速度的放缓。

5G时代到来以前，苹果之所以放缓5G手机的推出，一方面是因为受限于基带，另一方面则是因为自身或许真的还未在5G领域做出颠覆性的研发成绩。苹果集团笼络了设计界与通信界的顶尖人才，但如何在5G时代推出如同4G时代一样震撼的产品呢？面对这个难题，苹果与华为、三星一样，还未找到答案。

VR或成为苹果颠覆5G时代的关键

在2019年6月4日召开的全球开发者大会（WWDC）上，投资界收到了苹果释放的强烈信号，即苹果内部正在加速去除“手机中心化”，使其他几大移动硬件生态系统更独立，而智能终端多样化的趋势也日渐明显。这一信号显示，苹果正在从软件与硬件两个层面重绘“苹果帝国”的未来，如图5–7所示。

如何在这些产品中形成链接，VR或许会成为苹果颠覆的关键。

眼下VR技术正席卷着我们周围的一切：VR游戏、VR电影、VR建筑、VR医疗、VR房产……在5G时代，VR技术显然会带来与现在截然不同的软硬件体验。但VR技术现今正处于瓶颈期，即没有将设备做到足够小、足够便携，其技术本身还未形成良好的生态体验。

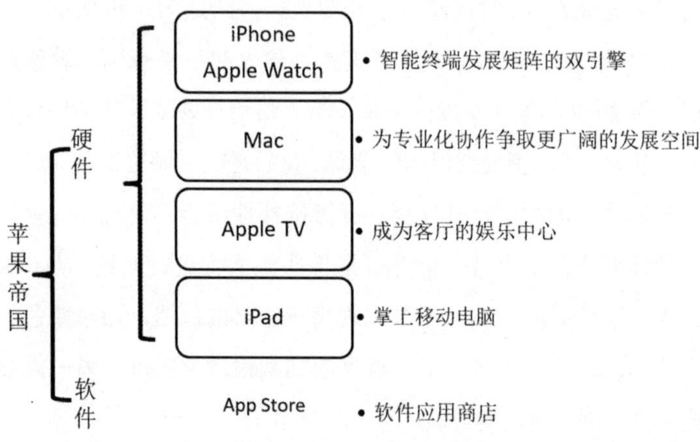

图 5-7　正在筹划中的“苹果帝国”

不过幸好苹果正在布局这一切。在 2019 年 1 月的财报电话会议上，蒂姆·库克先生表示：“VR，我不认为它是一个小众产品，它很酷，很有趣。”掌门人的发言，背后是苹果正在全力进军 VR 的事实。

早在乔布斯时代，苹果就已预见到了 VR 技术的威力并开始布局，如图 5-8 所示。

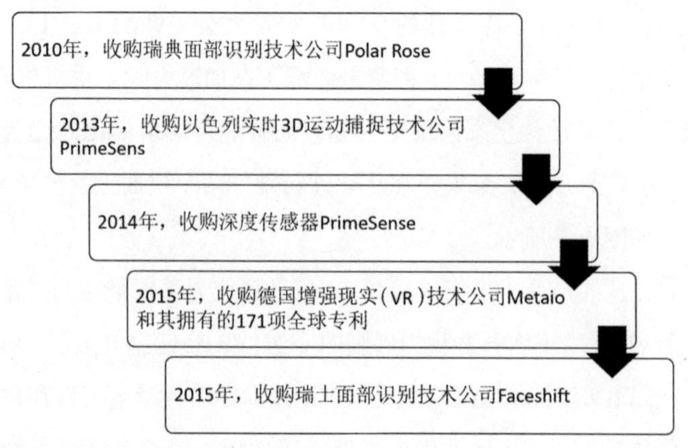

图 5-8　近年来苹果在 VR 技术方面的布局

同时有报告指出，苹果组建了一个秘密的 VR 研发部门，该部门拥有数百名员工，涉足 AR 与 VR 领域。而 2016 年苹果的一份 VR 专利申请表从侧面证实了该部门的存在。据悉，该专利申请显示苹果研发的是一款携带式头部显示电子设备，它类似于眼镜，用以接收来自手机、平板等终端的图像。

苹果努力的方向，恰恰也是其品牌追求极致的表现，可以真正让用户接受的 VR 设备，必然是轻薄小巧的设备。而以 iPhone、iMac 与 iPad 作为计算平台，未来苹果在 5G 时代可能会继续守牢霸主地位。

好在现在的市场上没有哪家制造商推出了颠覆性的产品，因此，哪怕 5G 手机缓进了一步，苹果依然有足够的时间去应对来自市场与对手的挑战、调整自己。

5 最大的挑战来自传感器

众所周知，5G 技术将给我们的生活带来翻天覆地的变化，运营商、科技公司都必须紧跟 5G 脚步，加入物联网，才不会被时代抛弃。这是当下 5G 大火给我们带来的初步印象。不过正如前文中所说的，万物互联的前提是物联网的实现。而 5G 只是物联网的一个重要组成部分，除此之外，物联网的实现还需要基础的传感器、物联网卡等硬件来做支持。

5G 是物联网的一部分

物联网技术现在是最为高端的技术之一，也是诸多行业实现智能化改革的关键。

物联网是在互联网、传统电信网等载体上实现各类设备的互联、互通。通过物联网，人们可以让物品与物品连接，实现对各类设备的远程控制与数据采集，极大地减少人力，提升效率，同时通过对大量数据的采集，汇聚成大数据，助力人工智能大数据分析，以实现火灾预警、天气预报、疾病防治、行为分析等。

毫无疑问，物联网技术是以互联网技术为基础及核心的，其信息交换和通信过程的完成也是基于互联网技术的。5G 的实现将极大地刺激物联网的发展，两者在未来将共同为人类社会的发展谋福利。

不过，物联网技术能够实现万物互联，让诸多领域实现精准定位、远程监控、智能展现等功能，基本上是依赖于两部分技术：传感器技术和通信技术。从目前的情况来看，后者即 5G。可以说，5G 决定了物联网能走多快，而传感器则直接限制了物联网能走多远。

传感器是物联网的关键基础

传感器技术之所以对物联网的发展非常重要，是因为它位于物联网系统的最前端，是将现实世界中的“物”，转化为数字世界中可辨认的“量”的关键，这是物联网的核心基础。若无法将物理世界的“物”描述、转化成数字世界的“量”，那么物联网便无从谈起。有了“量化万物”的传感器，万物互联才有可能。生活中常见的传感器类型如图 5-9 所示。

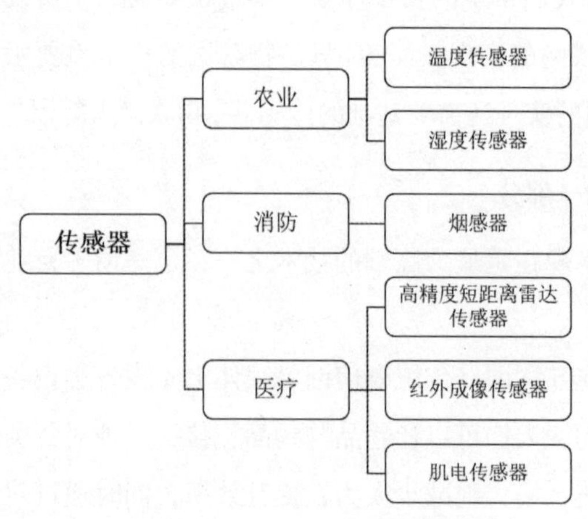

图 5-9　生活中常见的传感器类型

比如，在智慧城市的建设中，西班牙桑坦德市的停车传感器 Smart Santander 项目旨在整合一个由传感器、执行器、摄像机和屏幕组成的物联网平台，为公民提供有价值的信息。

目前，该市每一个区域都布置了大量的传感器，当有车子停在上面时，这些传感器便会收集数据，并定期将数据发送到平台上。这些数据在经过平台的汇总后，会以每 5 分钟一次的频率更新到指示牌上，以便市民可以在最短时间内找到免费的停车位。

没有传感器的物联网便无法完成对数据的收集，自然也不能进行下一步。所有由传感器收集来的数据，都可以帮助我们分析未来行业的发展走向，感知经济动态。可以说，有了先进的传感器，物联网与 5G 才有了现实的商用意义。

如何运用传感器收集到的数据是最大难题

与传统行业所使用的传感器相比，5G 时代的传感器最重要的作用之一就是收集物理数据，而很多传统的传感器并不具备这一功能。

以自动驾驶汽车所用到的传感器为例，一辆合格的自动驾驶汽车至少需要三套传感器系统：摄像头、雷达与激光雷达。唯有拥有这些传感器，才能完整地采集到车辆行驶过程中周围环境的数据，进而通过分析与解读，实现自动驾驶。

未来在自动驾驶过程中，汽车传感器所需要的数据种类远超传统传感器所需要的数据种类，如图 5-10 所示。

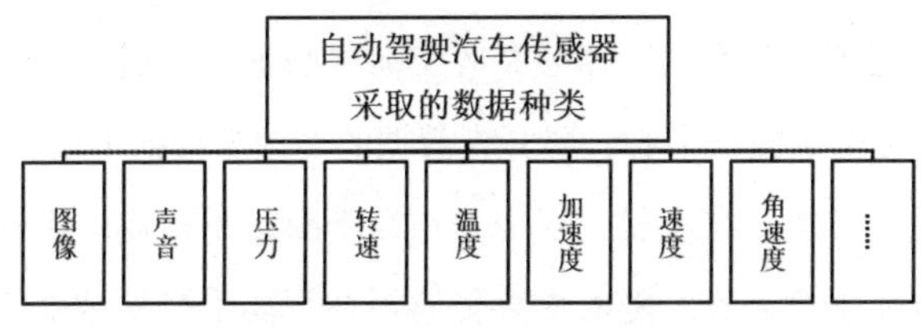

图 5-10 未来汽车传感器所需要的数据种类

可是从目前的发展情况来看，虽然传感器可以将这些数据汇总到汽车驾驶系统，但是对数据的开发、利用并未达到理想中的程度。而这也是目前约束传感器发展的最大瓶颈。

未来要充分利用传感器收集来的这些数据，就必须依赖对人工智能的深度学习。唯有将深度学习与传感器相结合，数据的潜力才能够被充分发掘出来。

从 2016 年开始，各大巨头纷纷“杀”入智能家居领域，抢占语音交互入口，如图 5–11 所示。

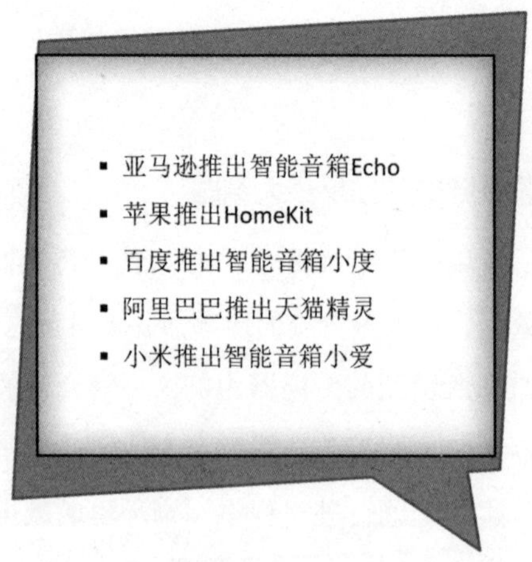

图 5–11　各大巨头纷纷抢占语音交互入口

这些智能音箱便是通过语音识别技术和人工智能的结合来收集数据的，然后通过传感器将这些数据上传至数据中心。在机器进行深度学习的过程中，传感器负责的工作便是收集海量数据，然后设备将这些数据实时或离线传输到数据中心，展开大数据的处理与挖掘工作。

可以说，传感器在发展过程中，正在不断赋予行业应用各类不同的价值。就智能手机来看，随着更多传感器在智能手机领域被应用，手机已经接近随身携带的个人数据与互联网交互中心。我们甚至能这样说：智能手机之所以会具备如此多的价值，是因为有了传感器的存在。

当下制造业中所使用的传感器种类越来越多，采集到的数据也呈海量状。虽然传感器数据可以汇总起来供大数据分析使用，但是如何高效地甄别、利用这些数据，各个领域皆没有有效的方法。

以图像传感器为例，采用了高像素的图像传感器以后，企业很可能会发现，获得的数据量呈几何倍数增长，此时，如何处理高分辨率的图像，采用何种算法和硬件去处理，成为摆在企业面前的利用大数据的最大难题。

中国传感器的发展

中国的传感器技术大约是从 1980 年发展起来的，但是传感器技术从研发到投入市场，一般需要 6~8 年的时间。经历如此长的周期，必然要有雄厚的财力作支撑。这也是为什么中国传感器的发展落后于国外的关键原因。

传感器行业的研发成本高、单个收益低的特点，也是国内制造业不愿深入投入该领域的原因。传感器本身技术含量高，研发周期长，但是单只传感器的价格并不高，这导致企业单纯依赖传感器很难形成可观收益。

如今国内的传感器，特别是高端传感器与国外还存在不小的差距。与此形成对比的是，中国传感器市场的需求量近年来一直在持续增长，而且传感器被广泛应用于工业电子产品、汽车电子产品、通信电子产品和消费电子产品专用设备四大领域，如图 5–12 所示。而未来随着 5G 网络的应用和普及，传感器的应用将得到扩展和改变，其热点应用领域将出现在医疗、环境监测、油气管道、智能电网和可穿戴设备等方面，如图 5–13 所示。

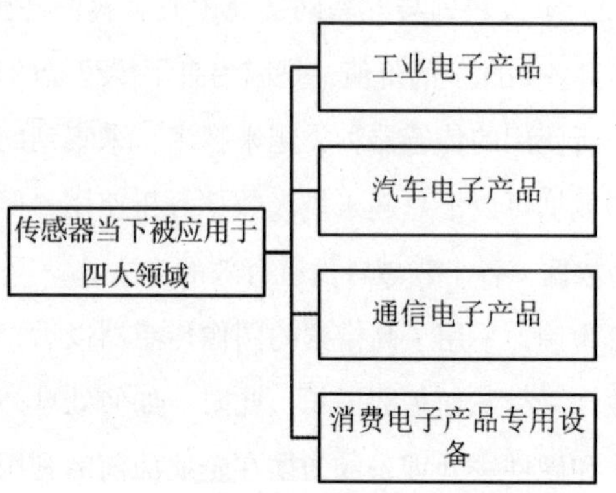

图 5-12　国内传感器被应用于四大领域

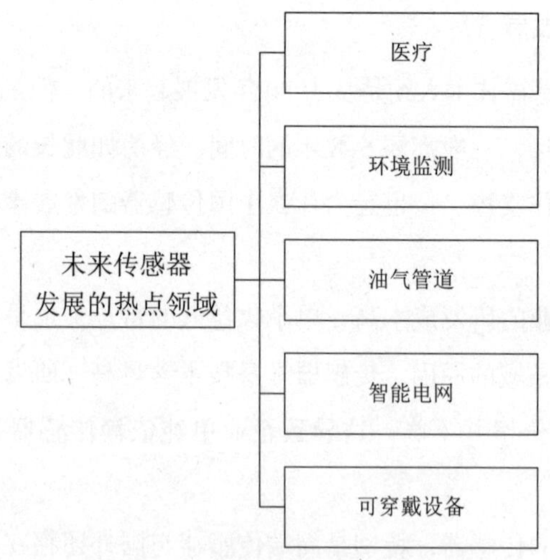

图 5-13　未来国内传感器发展的热点领域

可以料想，5G 的发展必然会大幅度提升传感器的市场需求，而市场驱动正是技术不断变革与进步的动力。

如今，中国传感器共分为 10 大类、24 小类、6000 多个品种。相比之下，同样为制造大国的美国约有 1.7 万种传感器。在全球范围内的高端传感器市场上，国外厂商西门子、霍尼韦尔、欧姆龙等公司占有较大份额。国内像歌尔声学、大华股份、航天电子等传感器生产商，虽然有了较大发展，但由于投入与收益问题，远不能跟上形势的要求。

值得庆幸的是，中国的中低端传感器还可以满足国内的发展需求，但随着5G带来的技术与需求的全面爆发，中国传感器企业还需要走得再快、再远一些。

6 5G热潮下，汽车制造商却在冷思考

技术进步是所有行业发展的核心推动力。智能手机的普及带来了移动互联网时代，移动互联网又重塑了汽车行业。但在移动互联网的技术红利被透支后，对于下一个全新时代的到来，不管是行业还是用户，均翘首以待。当下，作为技术风口，5G技术的特性将带动汽车全领域的高尖端服务升级，同时更会给汽车制造行业带来巨大的挑战。

无人驾驶成为风口

虽然5G部署尚未完成，但车企们俨然已进军蓝海。

2016年，华为与奥迪、宝马、戴姆勒、爱立信、英特尔、诺基亚及高通联合宣布，共同成立了5G Automotive Association（5G汽车通信技术联盟），旨在整合各巨头间的资源，加快无人驾驶汽车的研发进度，调配研发过程中所需的互联设备。

2018年，长城汽车与中国移动、华为联合开发的基于5G的自动远程驾驶技术通过测试，汽车响应延时达到毫秒级。

2019年1月，长安汽车与华为科技宣布开展全面深入战略合作，落地5G车联网联合创新中心，双方将在智能化与新能源领域展开深度合作。

2019年2月，世界移动通信大会期间，吉利宣布，计划在2021年发布其首批支持5G和C-V2X的量产车型。

2019年4月，北汽高调发布IMC智能模块标准架构，这一架构由戴姆勒、麦格纳、华为、博世、西门子、SK、哈曼等全球汽车巨头与ARCFOX共同打造，是满足未来智能出行的技术解决方案。据称，这一平台将是全球首个商业搭载5G技术的平台，它拥有计算力极高的“最强芯片”，能够实现L3~L4等级甚至更高等级的自动驾驶技术。

随后不久，上汽发布了号称“全球首款5G概念车”的荣威Vision-i，它是一款搭载了“5G零屏幕智能座舱”的概念车。

在“5G元年”2019年，车联网和自动驾驶几乎是目前所有车企的转型重点，最好的明证就是，在上海国际车展前夕，上汽乘用车、北汽集团、奇瑞汽车等都先后发布了其基于5G技术的智能网联布局。

很显然，传统汽车工业早已意识到，5G的到来将重塑汽车产业生态。在这个变革潮流中，谁提前掌握5G这个“工具”，谁势必就能掌握更多的主动权。

想无人驾驶？需先迈过3个发展阶段

5G成为风口后，无人驾驶成为汽车领域的热点。为了配合这一热点，无人驾驶汽车、互联网汽车等概念层出不穷，普通人根本就搞不清楚它们之间的区别。但事实上，之所以有新概念的不断涌现，是因为汽车行业自己也不清楚，在5G技术被商用以前，汽车最终将走向什么样的未来。

按照汽车生产与发展的轨迹来看，未来要实现无人驾驶，就必须经过3个发展阶段。

第一阶段：投屏智能汽车

投屏智能汽车是指汽车上搭配了智能的车载系统（见图5-14），通过车载系统来实现用户的设备、使用体验与仪表盘系统三者间的无缝结合。

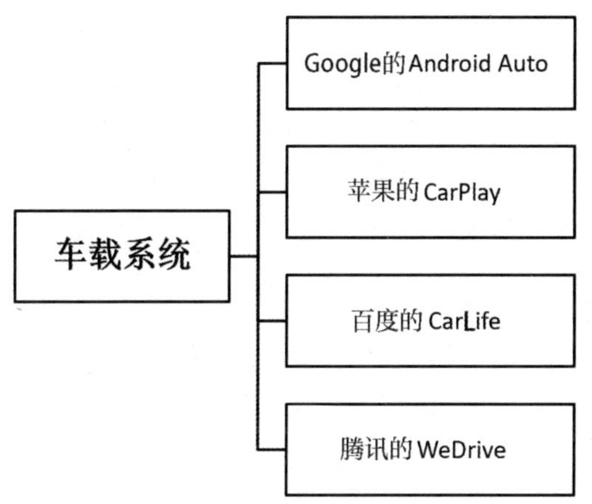

图 5-14　当下大热的四大车载系统

手机与汽车相连后，通过多媒体显示屏幕，就能实现在汽车内的发短信、打电话等一系列操作。此类方式从本质上来看，是在汽车里安装了一台智能手机，因为司机很难在驾驶期间再在汽车中展开其他操作，所以优化了汽车与人的语音交互方式。

这种智能汽车是最基础、最易上手的，稍有基础的汽车企业便能基于安卓系统做出这样的操作系统。当然，其缺陷也非常明显：虽然这些智能功能的确给人们带来了方便，但它们其实属于锦上添花类功能，即有了这些功能确实很好，但假若没有这些功能，也不会影响到驾驶汽车的体验。

因此，投屏智能汽车可以说是实现无人驾驶的第一步，虽然由于技术原因智能投屏汽车还不太成熟，但它规划出了未来世界的汽车真正应该有的形态与功能，可以说，这是无人驾驶汽车基础层面的产品。

第二阶段：互联网汽车

阿里巴巴集团首席技术官王坚先生认为，互联网汽车是智能操作系统赋能以后的新汽车品类，是拥有“操作系统”这个第二引擎、可以跑在互联网上的汽车。

在 2016 年，阿里巴巴和上海汽车集团股份有限公司联手推出了荣威 RX5 汽车，该车装有 YunOS 系统，因此属于互联网汽车的种类。该车在推出时，主打了“有感情的车”“会迭代升级、会生长”等口号，并以“以互联网内核为第三驱动力”为主要特征。

这一观点与苹果、Google 的理念不谋而合。因为在两位巨头的产品规划中，Apple Car 和 CarPlay、Google Driverless Car 和 Android Auto 都是完全不同的概念。CarPlay、Android Auto 是车载系统，但 Apple Car 和 Google Driverless Car 则是苹果与 Google 真正配置了自主操作系统的互联网汽车。

在这一阶段，互联网汽车已经有了明确的产品规划方向，在理念上已经与完整的无人驾驶汽车极其接近了，只是在很多功能上还无法达到科幻概念中“无人驾驶车”应有的水准。

第三阶段：无人驾驶汽车

无人驾驶汽车是汽车的最高层级。我们之前所提及的两款车，最终都要在互联网、人工智能、大数据的加持下实现无人驾驶。

当下并无一款无人驾驶汽车可以真正量产商用。特斯拉的确推出了“无人驾驶车”，但此类“无人驾驶”最多只能算作“自动驾驶”。

在汽车界，自动驾驶被分为 5 个层级，如表 5–2 所示。

表 5–2　自动驾驶的 5 个层级

等级	能做到的事
第一级	解放脚
第二级	解放手和脚

续表

等级	能做到的事
第三级	解放手脚和眼
第四级	自动驾驶至目的地
第五级	拆掉方向盘和油门、刹车踏板

唯有到了第四级，才能算得上是真正意义上的无人驾驶汽车。按这一等级来说，特斯拉目前只能算是处于第二级与第三级之间。

虽然无人驾驶汽车一定是汽车的最终形态，不过从目前来看，不管是从技术、政策、法律还是用户心理层面来说，无人驾驶汽车都只处于设想与实验阶段，因为它需要各方面的配套设施的辅助才能真正投入使用。

汽车生产商的最大难题：无人驾驶汽车成本过高

从传统汽车到无人驾驶汽车的进化过程中，Google、苹果一类的巨头，依赖自身的 IT 技术优势，正直接进军无人驾驶领域。相比之下，传统汽车厂商的做法更加谨慎一些，这些企业采用的是四阶段渐进方式，如图 5-15 所示。

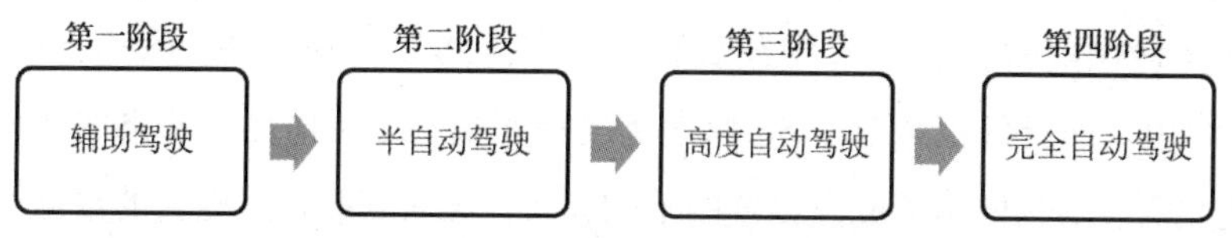

图 5-15　传统汽车厂商进军自动驾驶的思路

特斯拉身为名声最响的无人驾驶号召者之一，其也属于渐进式的阵营。因为身为先进汽车驾驶技术的研发者、顶尖科技狂热爱好者，特斯拉的 CEO 埃隆·马斯克比任何人都明白，真正的无人驾驶（直接导航目的地，甚至无方向盘、无油门、无刹车板的驾驶方式）绝非一辆车的单独行为，其背后需要的是整个生态环境的成熟，每个环节都必须完善，哪怕只有一方面有欠缺，无人驾驶都不可能实现，如图 5-16 所示。

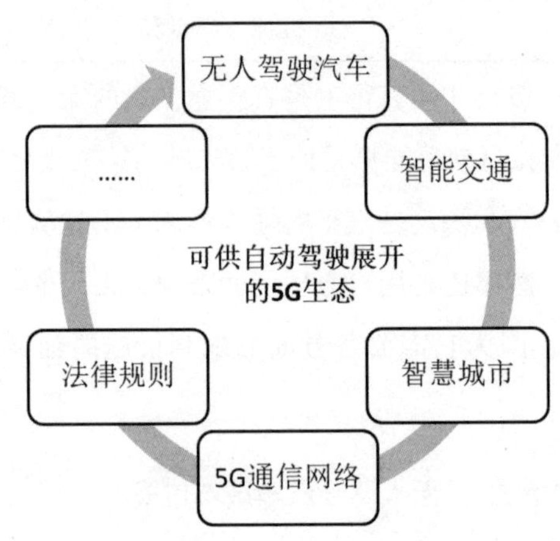

图 5-16　无人驾驶的实现需要成熟与完整的 5G 生态环境

从基础条件来看，无人驾驶至少需要 5G 完全商用以后才有可能实现，这与无人驾驶的本质有关。无人车内置的机器大脑与云端的实时数据，展开大量处理、交互与运算以后才可能实现无人驾驶。根据百度提供的数据，无人驾驶过程中，单车每小时所产生的数据高达 100GB。而这仅仅考虑了 5G 状态下的单车数据运算而已，若再加上智能交通、通信网络等配套设置的不断完善，无人驾驶背后庞大的数据吞吐量与超低的时延要求，只有 5G 才能够真正带动起来。

更重要的是，无人驾驶汽车的成本极高。仅就激光雷达一项来说，完全意义上的无人驾驶汽车，在行驶过程中必须对周围环境保持极度的敏感。但是摄像机作为视觉传感器，并不能精准地接收到周围的环境变化，因此工程师们在开发无人驾驶汽车的过程中引入了激光传感器，这是第三级以上的无人车的常用设备。例如，Google 这样的厂商就在研发过程中，给完全自动驾驶汽车中配置了丰富的激光雷达，以更好地收集环境变化的信息。

但是激发雷达成本极高，单辆汽车配置此类雷达就要花费 50 万 ~70 万元。如此高的成本在当下看来，并非普通厂商可以承担的，生产出来的汽车也绝非普通家庭能消费得起。因此，阿里的 YunOS 造车计划选择与传统厂商合作，推出了 20 万元以内的平价汽车。

无人驾驶必须稳步推进

无人车真正投入市场的时间，除要看 5G 网络的部署进度以外，还要看通信商、芯片商、智慧城市在 5G 层面的推进速度。在等待的时间里，汽车厂商最好的做法就是，研究互联网汽车未来有可能的发展方向，因为相对直接进军无人车，互联网汽车才是传统汽车厂商最好的过渡试验品。

仅就自动驾驶这一标准来说，虽然互联网汽车不能实现无人驾驶，但它可以实现半自动驾驶。阿里与上汽合作出产的荣威 RX5，它的自动驾驶已经运用了智能辅助驾驶、碰撞预警等一系列技术，而这些技术恰恰是无人车上常见的图像识别技术的初步运用。

一系列即将被运用在无人车上的技术，都能够在互联网汽车上展开初步尝试，并由此展开技术验证与可行性分析。

除此以外，让互联网汽车拥有操作系统这样一个引擎，其实是汽车厂商为自己寻找的一个发展基础。未来无人车必然会面临庞大的数据处理，眼下的手机、平板的处理能力是无法成为数据中枢的，而汽车独立的操作系统，可以与车联网连接，提供一个稳健的底层平台。

可以预见的是，未来互联网汽车向无人车迈进的过程是缓慢的，这也恰恰是汽车这类工业品的必然要求。先进技术唯有在不断打磨以后才有机会变得成熟，概念性的产品也只有接受了打磨才能为大多数人提供可靠的驾驶体验。这也是符合 5G 时代车企的发展方向的，不可盲目追求一蹴而就，因为汽车以安全驾驶为基础，只有在不断地更新迭代之中，才能实现不断地完善。

第六章

CHAPTER 6

机遇：谁拥有 5G 技术，谁便掌握了新生态系统的主导权

4G 时代更多的是技术与商务模式的创新，而 5G 时代则重在生态构建。4G 像修路，5G 像造城，构建一个新的生态，赋能各行各业。在 5G 以标准整合服务、以服务支撑应用、以应用推动颠覆的过程中，跨度极广、影响极深的产业生态将会形成。谁占据了先发优势，谁就掌握了新生态的主导权。

1 从微信支付看 5G 生态链的营造难点

5G 的发展难点不在于技术本身，而在于行业生态的优化整合，对任何基础技术的突破，都终将传导至商业层面，而越底层的技术越会掀起巨大的波澜。

营造生态才是 5G 的关键

“生态”一词在词典上的解释，是指生物在某自然环境下生存与发展的状态。商界的生态圈则是某一主导在自己的能力范围内大力打造的大环境。近年来，国内互联网巨头 BAT（百度、阿里巴巴、腾讯）皆在尽力发展自我生态空间。

比如阿里巴巴，从以淘宝为主展开的新型的 C2C 领域，颠覆了人们对电子商务的认知，到支付宝引领的新一轮支付手段，再到天猫、飞猪、余额宝等一系列附属产品，可以说，阿里巴巴通过这一系列产品，打造了其庞大的网络生态圈，如图 6–1 所示。

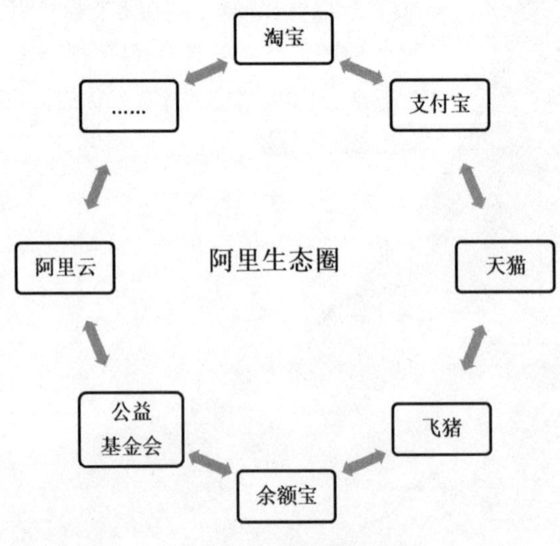

图 6–1　阿里巴巴生态圈

再如百度，由最大的中文搜索引擎开始做起，引领出一系列业务，如图 6–2 所示。

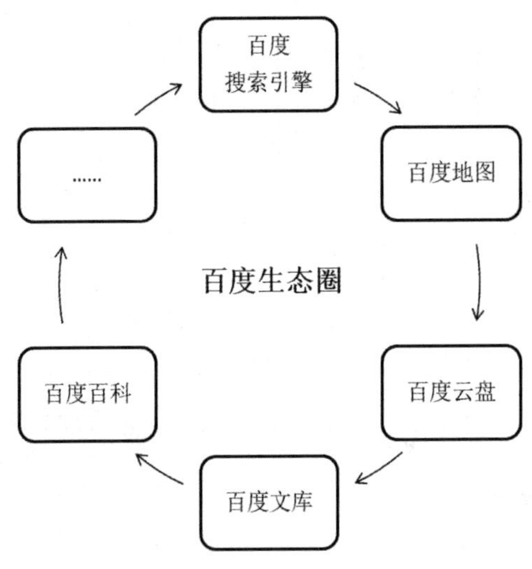

图 6–2　百度生态圈

要打造成功的生态圈，就不能以单一的目光去看待市场，特别是国内市场。由于用户数量足够多，再加上科技创新、被接纳的迭代速度过快，生态圈主导者要想不失去主导地位，就必须跟随市场需要，不断地更新、充实生态圈，通过应用或其他形式的赋能，带给自己新的生命力。

5G 通信网络下的生态圈也是如此。目前 5G 项目落地，包括多方面、多业态的整体升级，如图 6–3 所示。而这一体量庞大、项目内容繁杂的体系，需要主导者在开发初期便定义清楚，并引导协商、归责到各个机构与企业。

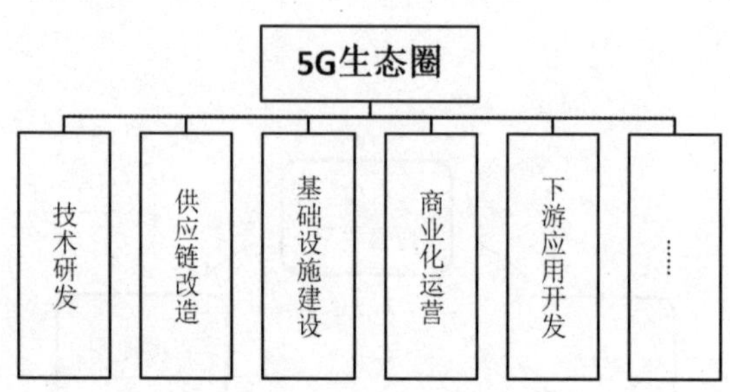

图 6-3　5G 生态圈落地所需要的配套项目

不过说起来容易做起来难，5G 目前正处于发展初期，每一阶段的生态链主导都有可能发生变化。在 5G 基础设施尚不健全的情况下，5G 要如何引导形成生态圈呢？我们可以从微信生态圈的打造中总结出一些经验。

支付链的生态主导权

微信的生态圈是如何打造起来的呢？这需要从其底层技术的筹建开始谈起。

2011 年，腾讯公司推出了一款名为“微信”的应用程序，与 QQ 主攻 PC 端不同的是，微信专门为手机、平板一类移动设备提供即时通信服务。自发布以来，凭借庞大的用户基数和语音信息、视频、图片、文字内容等方面的特点，微信短时间内便风靡全国。

如今微信已是“国民级”应用，而且凭借其开发出来的朋友圈、小程序等底层技术，它早已从一款简单的 App 发展为一个巨大的生态圈。从微信的发展中我们可以看到，整个过程中腾讯一直在作为主导方，引导各个领域积极参与其中，如图 6-4 所示。

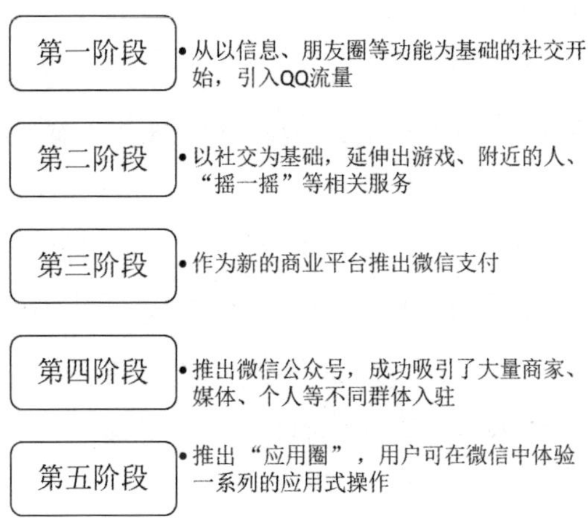

图 6-4　腾讯主导的生态链建设

一连串的举动后，微信公众号变成了一个新的商业平台。通过促进线上资源与线下资源的结合，微信生态圈不断从窄到广、由浅入深地涉及各个领域，如图 6-5 所示。

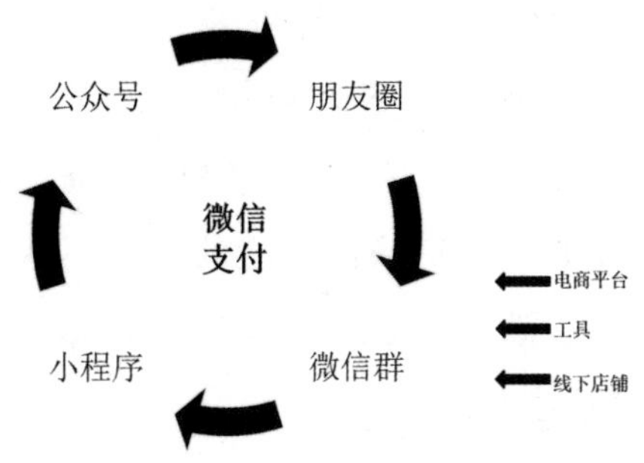

图 6-5　围绕微信支付建立起来的微信生态圈

如今微信庞大的生态体系已逐渐完备，其在垂直领域中，从社交、电商、金融、交通、娱乐等方面，不断地覆盖我们的生活，彻底地改变了人们的认知。而通过线上与线下的连接，既丰富了线上领域，同时也增强了线下实体的生机。

让线上与线下同时感受到好处，这是所有IT商业生态圈成功的关键。目前5G生态链欠缺的便是明确且积极的用户感受。而要营造出这种积极的感受，就必须三大内容同步发力。

5G标准

拨开整体生态的云雾，5G的本质和基石仍是一套由跨国界、跨行业专家通力协作制定的通信标准。这套标准是全球通信及相关行业的"通用语言"，也是通信技术发展的"时代切片"。其确定了通信行业的短期技术目标，即增强型移动宽带、大规模机器类通信、超可靠低时延通信。在2G、3G、4G时代，该标准制定后会下放至机构、企业共同研发技术、制定规范，最终引导、整合各行各业共同开发服务与应用。眼下，5G标准尚未确定，而它确定的标准又与各大企业与国家争夺通信生态链的主导权密切相关，这一点我们会在稍后详谈。

5G服务层

通信网络服务由设备商和运营商共同提供，这两大类企业的通力合作为全社会提供无线通信服务。通信网络的设备商包括组成核心网的5G设备的生产商、组成承载网的光传输设备的生产商，以及天线、基站、光纤等无线接入设备的生产商。通信行业的这些企业在标准的指引下不断推陈出新，共同建设满足5G技术目标的基础服务设施，最终提供能够颠覆现有通信应用的整体通信服务。

5G应用层

5G最终呈现在人类社会中的形式，将极大颠覆现有社会的生产和生活方式，也是三大技术目标的最终商业化形式。其终端应用可以根据电信服务资源需求分为大带宽使能的超感体验、多机器使能的万物互联、低时延使能的超秒智能。在5G时代中，通信服务的整体创新升级将驱使通信行业承载 AR/VR、物联网、人工智能等尚未规模化的科技新星，驶离仅限于消费者的、使能通信、网络容量小的 4G 港湾，驶向覆盖政企商、颠覆行业、波澜广阔的 5G 海域，在未来科技应用的无尽可能中扬帆起航。

可以看到，5G 要形成积极的生态链，就必须以标准化来整合服务体系。但遗憾的是，5G 的建立并不是一件简单的事情。

2　5G 标准制定引发的大规模口水战

不管何种标准的制定，都需要经过行业内诸多参与者的共同商议，这事关行业最终依照何种规则开发、管理、分配利益。因此，每一种标准的制定都需要经过长时间、大规模的争议后，才能最终确定，5G 也不例外。

5G 标准：各国通信商的“通用语言”

早在 1G 时代各国就已经自发地展开了通信标准的制定，如图 6-6 所示。

北欧地区的NMT

美国和澳洲的AMPS

英国的TACS

西德、葡萄牙及南非的C-450

图 6-6　1G 时代各国的通信标准

这些通信标准为其国内的通信生态参与者们提供了同一个标准，并帮助参与者们不断地更新与通信标准相关的产品和服务。不过，某一国家标准下筹备的设备与服务，在其他国家并不通用，这在很大程度上阻碍了国际漫游等通信方式的推进。

为了实现跨国别、跨行业的通信交互，在联合国的主导下，国际电信联盟（International Telecommunication Union，ITU）得以成立。该组织的主要职责是提出愿景后，收集各大组织撰写的技术规范，并形成最终的通信标准建议。

ITU 成立以后，各国如孤岛一般的"地方通信标准"逐渐地被融合成了全球通信行业与相关垂直领域的通用标准。

从这一意义上来说，5G 并不是一项单纯的技术，而是一套由各国、各界共同编制而成的通信标准。这套标准将通信行业整合了起来，使全球范围内的技术专家与商界精英可以相互兼容、通力合作，推动通信行业建立起如巴比伦通天塔一般的科技奇迹。

ITU 与 3GPP 联手推出 5G 愿景

在研发通信技术与讨论标准的过程中，扮演火车头角色的组织不仅仅有 ITU，还有第三代合作伙伴计划（Third Generation Partnership Project，3GPP）。

从 3G 时代开始，通信标准便不是一蹴而就的。ITU 是全球性的倡导组织，但这一组织属于政治意义上的存在，它要在实践层面实现对通信标准的统一，就必须与各国通信巨头合作。因此在其倡导下，3GPP 由全球范围内的七大通信巨头联手成立，如图 6-7 所示。

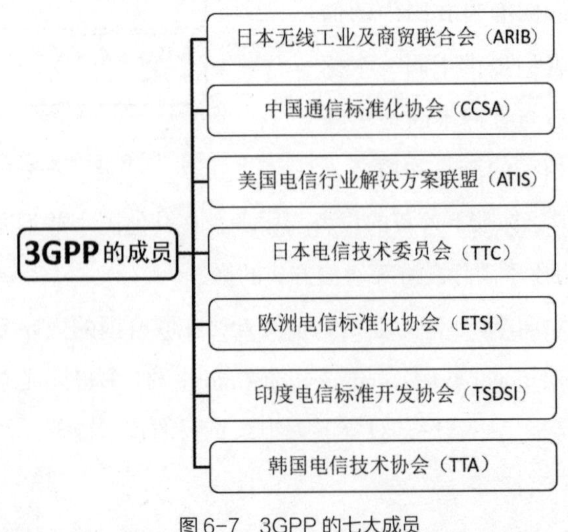

图 6-7　3GPP 的七大成员

在ITU的倡导、3GPP的带动下，3G技术得以实现与普及化。此后每隔一段时间（一般周期为10年左右），ITU便会开发出新一代的通信协议标准，而3GPP下的各大企业也会跟进，同步开发新一代通信技术对应的产品与服务。因为提出标准与实施标准之间一般存在2~4年的时间差，因此在标准全面实施时，早有无数企业参与到了新技术的竞争中，通信技术也就在这样的更新迭代中逐步推进。

在2012年，ITU与3GPP协调沟通后，提出了5G愿景。该愿景主要围绕3个方面展开，如图6–8所示。

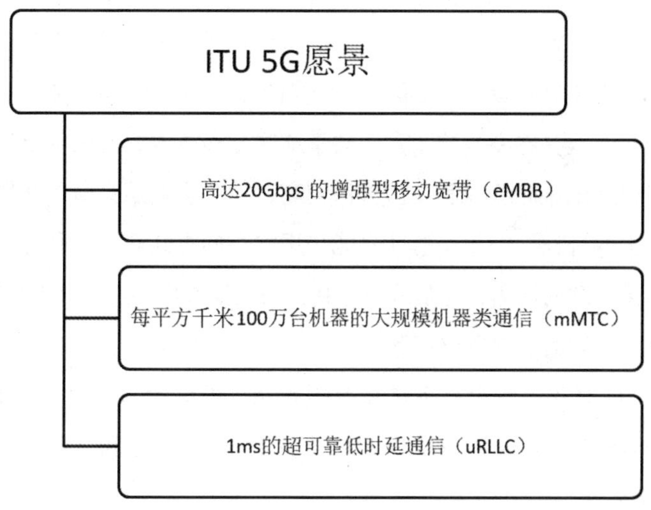

图6–8　2012年ITU提出的愿景

此愿景中对技术项目的拆分，对各项目的量化目标进行了具体定义，预计到2020年，全球5G标准化文件IMT–2020将有可能发布。

5G标准的背后是专利权的争夺

5G标准制定的前期工作主要分为两个阶段：

研究阶段，这个阶段主要是对候选的技术进行评估，看哪些技术适合进入标准；

标准制定阶段，这个阶段是把前期研究的成果写成互联互通协议。

3GPP 研究统一的相关标准，在由 ITU 认可、颁布后，便会成为国际 5G 领域内的唯一标准。之后，全球各个厂商都需要按照该标准来进行设备生产、组网与终端接入。

ITU 制定并颁布的标准是一个硬性标准，每一个厂商的设备要在全球内都可用，就必须遵守这一标准。但标准下的专利权，却掌握在少数厂商手里，其他厂商都需要向拥有该核心专利的厂商获取专利许可。有些厂商采用的是专利交叉许可的方式，有些厂商则是直接花钱购买专利。

大型企业间多会采用专利交叉许可的方式，即基于价值相等的原则，双方相互开放一些专利技术，并共享这些专利技术的使用权与相关产品的销售权。由于有些专利技术价值较高，一些企业还会给予共享伙伴一些经济上的补偿，但小企业就只能采用购买的方式获得专利许可。但不管是购买专利的费用，还是侵犯专利权的赔偿费用，都是非常高的。

有关专利的典型事例如下：

在 4G 时代，华为准备进军美国市场，并联合 AT&T 发布 Mate 10 Pro。但被美国公司 PanOptis 起诉侵犯了 4G 相关专利，赔偿费用高达 7170 万元；

进入 5G 时代后，高通公布了 5G 专利收费计划，对每台使用其专利的手机按售价收费 2.275%~5%。也就是说，我国国内大多数安卓厂商每卖出一台售价为 3000 元的手机，就需要向高通支付 68~150 元不等的专利费用。

正是因为背后有高额利益的牵扯，所以 5G 标准的制定必然如其他标准一样，引发大规模的口水战。

2020 年，LDPC 与 Polar 将展开对决

高通 CEO 莫仑科夫早就对 5G 发表过看法："5G 是一种全新网络，它能为大量设备提供支持。5G 的诞生和电力、汽车同等重要，未来它将直接改变经济与社会。"也正是因为 5G 拥有如此重要的价值，世界各国、各大通信巨头才都在抢夺 5G 标准，毕竟一流企业定标准，二流企业做品牌，三流企业做产品。

目前，国际上可供 5G 选择的编码技术方案只有 3 种，如图 6–9 所示。

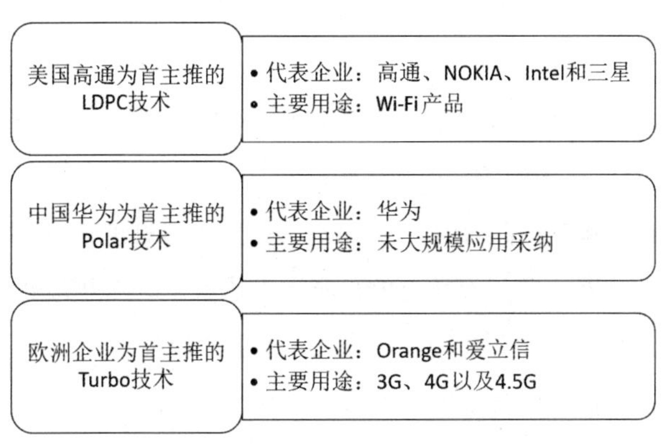

图 6–9　可供 5G 选择的编码技术

2016 年 10 月 14 日，3GPP 在葡萄牙的里斯本召开会议，讨论数据信道编码的长码方案。这场会议其实就是一场在美、欧、中三方之间展开的通信标准的争夺之战。在这场会议中，三方展开了激烈的讨论。

LDPC 阵营认为，Turbo 码译码时延大，不适用于 5G 高速率、低时延的场景。Turbo 码阵营反驳，在 3G、4G 应用中不断改进的 Turbo 码是能够满足 5G 极端场景的。而 Polar 码虽不成熟，且没有大规模的应用，但在决定控制信道编码的短码方案上，它是目前人类已知的第一种能够被证明达到香农极限的信道编码方法。

每一个阵营的观点和理由都十分充分，在这次会议上，最终 Turbo

码出局，由美国高通主推的 LDPC 码由于技术较为成熟，且专利成本低，因此赢得了多数投票，而 Polar 码也因为技术超众，成为 LDPC 码的直接竞争对手。

这次会议对中国与华为来说意义非凡。Polar 码成为控制信道编码，这是中国在信道编码领域的首次突破，为中国在 5G 标准中争取较以往更多的话语权奠定了基础。不过，这次会议确定的是“非独立组网”标准，即 5G 网络必须与 4G 甚至 3G 结合共同组网 —— 在非独立组网中，大的网络是 4G，5G 只是补充。比如在奥运会赛场上、CBD 地区等区域，通过 5G，这些局部区域可以增加热点，提升网络速度，但大范围的网络依然不是 5G。相比之下，5G 独立组网标准则需要等到 2020 年以后，预计在 2021 年 6 月形成 5G 第三阶段标准。

此次标准确立极其重要，5G 将成为推动人类更快进入第四次工业革命的时代。而在人类所经历过的前三次工业革命中，世人早已发现，谁在科技、制造等技术革命中占了先机，谁就能成为世界强国。现在，5G 将成为未来全范围内智能生活的基础设施。

从这一意义上来说，5G 早已不再是一项单纯的技术。因此，5G 标准最终“花落谁家”，对该国的国家地位、经济实力都有着重大影响，而这也是引发美国与中国贸易战及口水战的一个关键原因。

3 立项数量透露中国 5G 生态链优势

由于有关 5G 的内容太过专业，常常会出现以讹传讹的情况。再加上中国与美国的力量角逐，因为不了解内情，有些人甚至会将 5G 标准简化成“华为的标准”和“高通的标准”两部分。但事实上，5G 标准并不仅仅由华为或高通来决定。

5G 标准是大量技术整合后的结果

作为新一代移动通信技术，5G 网络远比前几代通信网络更复杂，仅就由 ITU 定义的三大场景来说，对业务的要求就远比之前任何一个时代都更加复杂。

在这种情况下，大量新技术被运用于 5G，如图 6–10 所示。

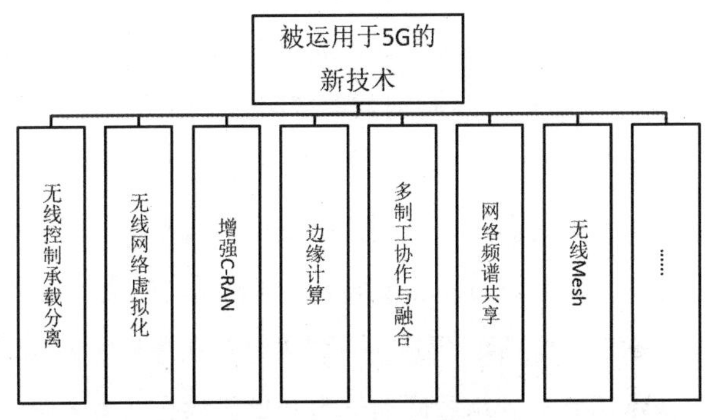

图 6–10　被用于 5G 的新技术

不同运营商、不同场景对 5G 的要求也不同。在这种情况下，5G 标准就是大量技术形成的一个完整集合，而非几项技术，更不能因此而将其简化成编码技术。

哪项技术能够成为标准，需要由企业提出，在 3GPP 会议上通过讨论、投票，最后进行立项，之后再由工作组进行标准的编写。因此，这一过程本身就是各大企业间不断地进行沟通、讨论的过程。

为了满足某些运营商的要求，5G 还分为非独立组网方式与独立组网方式，而这些标准中仅立项就有 50 项。这就意味着 3GPP 组织的某一次投票，或者某一项技术，并非真正意义上的 5G 标准，或者说它们并不能主导 5G 标准。

中国5G生态链正在逐步完善

我们刚刚已经谈及，中国、美国、欧洲是5G标准的三大阵营。在立项的50项5G标准中，中国占21项、欧洲占14项、美国占9项、日本占4项、韩国占2项。

从立项数量可以看出，中国通过的立项数量最多。因此在5G领域，我国的实力是最强劲并处于领先地位的。这个结果与近年来国家对于通信业务的大力支持密切相关，从1G、2G时代的一无所有，到3G时代开始跟随，4G时代基本并跑，5G时代的中国已经遥遥领先。

不过这并不能说明，在5G标准的制定中中国便拥有了主导权，只能说，在标准的制定过程中，中国拥有更多的话语权，同时也会逐渐通过技术上的优势，在最终的标准投票中占据相当高的优势地位。

其实有关5G，中国早已形成一个强大且正在逐步完善的生态链。

中国拥有中国移动、中国联通这类全世界综合实力最强、用户数量最多的通信运营商；

中国拥有全世界第一大通信系统设备制造商华为；

中国拥有中兴、大唐等系统设备厂商；

中国的华为、OPPO、VIVO、小米等早已是全球知名的手机厂商；

中国的阿里巴巴、腾讯等知名互联网企业，以及大量的新兴互联网业务，皆显示出了强大的互联网开发能力；

中国有华为的麒麟芯片，中国企业紫光展锐也在大力推进5G芯片的开发，且已经开发出面向手机的通用芯片。

……

依赖人口红利而生的人才优势，中国5G生态链早已趋向完整，而这一生态链也是其他国家没有的。在5G标准立项中，实力强劲的运营商、系统设备厂商、手机厂商等重要环节中国都有。相比之下，美国主要是有芯片企业，韩国只有手机厂商，日本仅有运营商，没有一个国家的 5G 产业链和生态链的完整度可以与中国相提并论。

中国移动：意外的标准立项领先者

在 2018 年 9 月 25 日于北京举行的英特尔 5G 网络峰会上，与会专家宣布，中国移动在提出 5G 标准立项中居于首位，其数量甚至超过了华为。之所以会出现这样的情况，主要有以下 3 个原因。

中国移动先期在通信领域的巨大投入

这些年中国移动在通信标准的研发过程中，投入了大量人力、物力与财力，同时也积累了丰富的经验。中国移动在 3G 时代是为数不多的采用了 TD-SCDMA（时分同步码分多址，采用了时分双工技术，是移动通信标准中的一个）技术的运营商，并且建立了自己的独立网络。

在 TD-SCDMA 标准通过的过程中，中国移动也扮演了重要的角色，而 5G 通信中采用的全部是全双工通信技术，凭借前期对于全双工通信技术的积累与理解，中国移动拥有了全球其他运营商无可比拟的优势。

5G 技术依赖通信运营商

5G 技术的推广，首先需要通信运营商先建立、筹划好 5G 网络。而对于 5G 业务如何开展，网络架构如何设计，怎样降低运营维护成本等，每一个运营商都有自己的要求与发言权。

可以说，全世界的制造商都要看通信运营商这一客户的要求。因此在 5G 标准立项中，中国移动便作为运营商之一，提出了自己的方案并通过了立项。

中国移动有全球数量最多的用户

截至 2019 年 1 月 1 日，来自中国移动的数据显示，中国移动拥有 9

亿用户，且这一数字仍然在持续增长中。这一庞大的用户群体差不多是全欧洲人口或美国人口的两倍。正是凭借着全球用户量最多这一先天优势，中国移动便在5G立项中拥有了重要发言权。

另外，中国移动架设的网络也是最复杂的，它拥有GSM、TD-SCDMA、TD-LTE等多个网络。5G未来要实现多个网络的融合，占据了多种4G网络优势的中国移动，在升级5G的过程中面临更多的挑战与机遇，自然拥有发言权。

由此来看，由于5G技术本身的复杂性，它必然是由多个国家、多个企业联合推进的。目前在5G标准的设定中，因为有华为与中国移动的联合推进，中国5G已经从并跑者成为领先者，并在整个体系中扮演着重要的角色。相信在未来，在确立5G标准的过程中，中国必然有相当多的机会在5G标准之争中占据先机。

4 大IT时代，运营商们掌握话语权

在5G初期，运营商的服务与5G标准一样，是极其重要的。3G时代和4G时代，不管是建设通信网还是建设铁塔基站，都是运营商自己的事情，普通人与企业并不关注。但5G时代，这一情况发生了巨大变化。5G是目前各方瞩目的热点，各方（特别是政府）的支持无疑为运营商们提供了极大的正面刺激，可是在初期掌握话语权的过程中，运营商们面临的挑战连连。

通信运营商的服务主对象将发生变化

在推进5G发展的过程中，应用成为5G发展的关键。因为5G的高速率、低时延、高容量等特性，这项融合性技术将改变整个行业。

之所以说5G是一项融合性技术，是因为在5G时代，通信运营商将

发生重大改变：未来通信运营商会从 4G 时代的“以面向大众为主”转向“面向大众与垂直行业并重”。这种转变会体现在以下 3 个方面。

客户转变

通信运营商不仅会向个人客户提供基本的通信产品，同时还会向企业客户提供各类综合性的信息和通信技术解决方案。

运营方式转变

未来运营商将通过与垂直行业中上游的企业合作，并搭建诸如云平台、物联网平台等各类业务平台，通信运营商将成为连接服务提供商与最终用户的纽带。

IT 内涵转变

所有有关 5G 的热议与厚望，皆源自 5G 诞生于一个全新的时代，我们姑且称之为大 IT（Big Information Technology) 时代。随着近年来计算、存储、传感、传输等技术的快速升级换代，IT 领域的内涵也在不断扩充，并逐渐走向全泛网、万物互联的未来。面对这种大 IT 的趋势与格局，通信运营商必须调整姿态，积极拥抱新变革。

在这一过程中，通过搭建信息消费的双边或多边市场，通信运营商将融合人工智能、机器人、物联网、大数据等技术，为多类企业客户提供“一站式”的解决方式，全面实现 5G 应用模式的创新，进而建立起一个涵盖垂直行业、设备制造商、芯片供应商、通信运营商、应用平台提供商的 5G 生态系统，从而实现自身的价值延伸。

通信运营商正处于爬坡关键期

从第一代通信技术发展到信息技术诞生，两者结合成信息与通信技术后，又与数据处理技术相结合；在数据处理技术诞生后，数据信息与通信技术诞生了。简单来说，通信技术的发展大致经历了如图 6–11 所示的4个阶段。可以预见，在下一阶段，人类的通信技术将向着大IT方向发展。这些年来，不管是国内的三大运营商，还是全球范围内的其他运营商，一直在为即将到来的大IT时代做准备。但是，由于跨度太大，当前大家都面临着爬坡过坎的关键时期。

图6-11 通信技术的4个发展阶段

注：图6-11中的每一个阶段之间都有着巨大的技术鸿沟。通信运营商原本赖以生存的CT业务，由于系出同源，各种费用和套餐设置也大同小异，不断受到来自行业内对手同质化的激烈竞争，同时面临来自互联网应用对CT业务的不断渗透。有关这一方面，典型的例子就是，微信在诞生初期，受到了国内三大运营商的联手抵制，其根本原因在于，微信“语音+信息”的流量发送形式，抢走了三大运营商原本非常可观的短信业务。

如今，对于国内三大通信运营商来说，流量红利与人口红利已经逐步消失，因为用户增长、流量增加带来的利润已经非常有限，在业务增量不增收、利润空间下降趋势明显的情况下，通信运营商面临的压力可想而知。

不幸的是，虽然之前“三足鼎立”的时代，三大运营商能获得丰厚的营收与利润，但这样的经营模式其实是靠着没有外来竞争者的“垄断经营”带来的巨大优势。5G 时代，这一巨大优势即将失去 —— 在 2019 年 2 月，为了推进国内 5G 商用化进程，英国最大的电信硬件运营商英国电信，成功地获得了中国工信部颁发的全国性牌照。

2019 年 3 月 15 日，《中华人民共和国外商投资法》在全国人大会议上通过，并即将于 2020 年 1 月 1 日正式实施。可以预见的是，未来将会有更多外国通信运营商在华获得牌照，电信市场真实上演“狼来了”。2018 年三大运营商日赚 4.09 亿元的辉煌，或许会成为昨日传奇。赶在残酷的市场竞争前，让自己搭乘 5G 来适应竞争与博弈，是它们唯一的出路。

大 IT 启幕下的挑战与机遇

其实，在深入了解国内三大通信运营商的业务结构后就会发现，它们存在以下几个方面的问题。

业务结构不够合理

2019 年，国内运营商业务结构依然集中在以带宽及接入为特征的语音、宽带、移动业务、IDC 等方面。相比之下，能够拉动业务大量增长的 IC 类业务占比极低，且很多项目因为缺乏自主核心技术而导致利润率偏低。

核心研发能力薄弱

这一不足主要体现在与随选网络、智慧运营等要求相关的核心技术能力上，在这些方面，国内运营商的自有研发能力并不能满足 5G 网络构架的发展需要。能够满足大 IT 化网络与应用平台要求的核心技术研发体系还未真正建立起来。

缺乏网络层软、硬件分层的成功实践

国内运营商的网络构架主要是垂直领域的，但端到端的业务管理非常复杂。就如我们之前所说的，医疗行业与制造业所需要的网络配置存在巨大的不同，可眼下三大运营商无一家可以完全满足不同业务需求的网络分层管理与运营、维护管理，根本无法有效满足垂直行业中不同客户灵活配置网络的应用需求。

大 IT 人才匮乏

在大 IT 系统集成、网络运营等一线领域，人才资源市场化、薪酬市场化的程度极度不足。在国外运营商进入中国市场后，三大企业核心人才的选、育、用、留，都会面临巨大的挑战。

虽然挑战艰巨，但能力变现的空间却非常巨大，由此带来的利润也可以想象。以往运营商们以电话、宽带、移动等 CT 业务为主，5G 时代的到来，上述基础接入业务的市场趋近饱和，相比之下，智慧城市、智慧社会对大 IT 的需求量却迅速增加。

由此看来，国内运营商要在 5G 时代获得长足的发展，保存甚至是提升自身的利润，上述问题就都必须得到妥善的解决。这不仅需要运营商加快自身大 IT 能力的塑形，拓展更广阔的新兴 DICT 市场，同时还需要依赖 4G 时代建立起来的优势与已获得的用户，加快云计算、大数据、互联网 + 等开放平台的能力，充分利用云网融合、智慧运营、安全可信等能力，聚焦垂直行业关键领域的率先发力。

大 IT 正式启幕，通信技术不再是简单的通信载体与由此衍生的简单产业，而是成为支撑整个智能产业的大平台与大载体。只有成功应对上述挑战，运营商整体业务能力才能得到升级，收入结构才能优化，运营商在大 IT 市场的核心竞争力才能得到全面的提升。

5 传统商业圈：谁先转型，谁先得益

在 2018 年，法国著名咨询公司凯捷管理对全球范围内的知名公司展开调研，结果发现，有 75% 的公司高层认为，5G 将是未来 5 年内最重

要的数字化转型使能技术，而且大家都将5G排在了人工智能与数据分析技术之前。

之所以会出现这种情况，是因为这些高层都已认可这一事实：在工业领域，5G是驱动实时图像处理、边缘计算、先进自动化技术及AR、VR技术的连接引擎。也就是说，没有5G，就不会有万物互联的深度革命。

5G网络下，智能设备将无处不在

毫无疑问，5G网络下的智能设备有潜力帮助企业达到效率和效能的新高度：自动化流程将减少物资浪费，降低成本，提高产量。可是，万物智能时代的影响如此深远，绝不仅仅是"更快、更好、更低廉"所能概括的。智能制造的诞生，模糊了传统业务的边缘，它可以扩大现有市场，威胁传统巨头，并有机会改变行业价值的分配方式。

新一代人工智能技术的发展，将使越来越多的设备具备学习能力及适应变化与预测的能力。同时，人工智能软件的发展、硬件的推出，也推动了从机器人、摄像头到医疗设备等多样化的海量智能设备的出现。在这一技术的推动下，万物都在变得更加智能。具备了人工智能的各类设备开始通过视觉、声音与其他模式识别信息和交互，能够为用户提供更高的效能。

在人工智能与相关设备的发展下，产业内其他各界也正在积极推进对新机遇的探索。在某些行业内，智能设备正在从根本上改变产业链价值的分配方式，而AI技术与应用产业的发展，正产生着诸多的信号。

当前虽然5G技术并未推广，但因其超快速率、超低时延，各行各业正在通过5G的优势，将AI融入当下企业发展中。而AI技术作为先进科技，早已发出下列信号。

（1）AI软件企业正在定制AI模型与算法，以便其可以在数据中心以外的设备上进行部署。

（2）芯片企业正在努力研发低功耗 AI 芯片，新研制出来的 AI 芯片，不仅能够以极小的能量消耗执行复杂的计算，而且这些支持 AI 的芯片还可以被直接嵌入设备里。

（3）嵌入了 AI 芯片的设备正在物流、制造业、农业、安保等不同的垂直行业中出现。由此可以预见，到 2023 年，嵌入式人工智能设备的年出货量将达到 12 亿。

5G 推动 AI 技术驶出数据中心，与传统领域结合

软件和硬件的技术正在逐渐“落入寻常百姓家”，它们由工业设备专用逐渐推广至日常生活所用设备与机器。如今可以高效运行机器学习算法，同时又兼备了移动设备必需的低功耗的处理器，早已进入了市场。

不管研发的是云端芯片还是边缘端芯片，英国的 Graphcore，以色列的 Habana Labs，中国的中科寒武纪与地平线……新一代的这些 AI 芯片研发公司都吸引到了大量投资。仅在 2018 年年底，便有硅谷创业公司和中国独角兽公司等数十家公司估值均超过 10 亿美元，并参与了 AI 芯片的竞争。

随着资本的大量涌入，AI 芯片领域的创新速度也加快到了令人震惊的地步。比如，在 2018 年，麻省理工学院的研究人员便推出了一款芯片，它的神经网络推理速度比前一代快了 3~7 倍，但其功耗最多可以降低 95%。诸如此类性能，令这些芯片可以直接用于诸如传感器等低功耗物联网设备中。

同时，人工智能芯片也已经开始大量地出现在智能手机与其他设备中。如今已经有上亿片移动芯片在智能手机、平板电脑与其他智能终端设备上运算机器学习算法。

未来 AI 软、硬件的持续创新，将带来越来越多内置 AI 能力的设备。在 2007 年，全球所有人工智能推理（或分析）运算，发生在手机、平板等边缘侧的比例约为 6%；预计到 2023 年，这一数量将暴增至 43%。

人工智能不仅变得越来越强，而且变得越来越普及。随着新一代软、硬件赋予消费者和企业越来越多具有 AI 功能的设备，我们将进入一个“万物智能”的时代。在这个时代里，5G 加持、具备 AI 能力的设备会普遍渗透至工业生产和日常生活中。

通过超快网络上传的无间断海量数量，机器可以从经验中学习，适应变化并预测结果。这些能力将用于预测用户需求，甚至通过高速的 5G 网络，实现信息交互、任务协同，与其他设备协同完成工作。

在这一过程中，得益于 5G 的助力，嵌入了 AI 功能的边缘设备将摆脱向云端传输数据造成的时延。但也正是因为这种低延迟与连接的独立性和可靠性，使驾驶、医疗这些看似传统的领域也将产生巨变。

未来传统产业的市场空间与挑战都将更大

通过提升生产效率、降低生产成本，智能设备将从传统设备那里抢走相当大一部分的消费者。

传统设备的消费者将流向智能设备

比如，工厂、卖场中的智能仓储机器人能够让订单履行与交付的时间更快，从而可以减少因为时效性而减少的购买行为。

再如，在发电过程中，智能风力涡轮机能够帮助发电厂提升产量，同时降低运维成本，而更低的价格明显能够吸引到更多的消费者。因此未来人们对风能的需求量会因此而增加。

智能监控摄像头能够自动分析数据并采取行动，从而可以扩展监控摄像头的市场空间，代替人工来实现视频内容的监控服务。

在此种情况下，各类传统产品的生产公司有可能会面临智能替代品生产公司的竞争。比如，传统监控摄像头、工业阀门的制造商很可能会看到，购买传统产品的消费者，未来可能会转去购买智能设备。因此可以预想到的是，为传统产品线增加智能化选择将是未来制造业转型的明智之举。

虽然在现有产品线上增加新的生产线，引入新的生产技术，真正实现智能设备的开发与应用，都还需要一段时间，但是传统企业必须做好面对设备智能化带来的挑战的准备。5G 正在部署的当下，已经有一些企业为了应对这一转变而做准备了。比如，汽车制造商正在通过合作与收购，开发自己的自动驾驶技术并制造具有相关技术的车辆。因此，其他传统行业的制造者同样应该通过合作与并购，将 AI 技术引入自己的生产线。

智能设备会引发产业链价值分配的变化

未来自动驾驶的实现、按需出行服务的出现，都会使人们购买汽车的意愿大大降低，这部分减少的收入将从汽车制造商转移至自动驾驶车队运营商。

其他行业中也会逐渐出现类似的、由智能设备驱动的变革。比如，在 2018 年，全球除草剂市场为 280 亿美元，但在 5G 时代，大量生产出来的除草剂喷洒机器人能大量减少除草剂的使用量，原有市场的萎缩是必然的，其他农用化学品制造商也面临着同样的挑战。

医疗设备制造商面临的挑战也同样存在。AI 医疗设备的大量生产，将减少医疗急诊的支出，并将使这部分支出转移到设备的购买、植入与监控服务上。

当然，5G 部署正当时，因 5G 的兴起而产生的诸多变化，距离对制造业产生颠覆性影响可能还需要一定时间，但正如我们在前文中所提及的那样，这种影响是深远而长久的。5G 低时延、大带宽的特点，嵌入 AI 设备后最终将在制造业中形成普遍性生产，并在推向社会后，深入消费者的普通生活，实现社会效率与效能的全面提升。因此，从这一意义上来说，所有制造业都应从现在开始，分析 5G 对自身业务与行业有可能产生的潜在影响，做好迎接挑战与机遇的全面准备。

6　庞大的成本之下，开拓垂直行业是否要展开“持久战”

作为国家科技创新的重要抓手，5G 被国家定位为国民经济数字化转型的核心基础。在中国 5G 牌照正式发放的当天，工信部部长苗圩先生也指出，各个企业要以市场与业务为导向，积极融合应用与创新发展，为更多的垂直行业赋能赋智，促进各行各业的数字化、智能化发展。

的确，5G 内网络切片等新型技术的出现，将一张网切片成了 N 张网，可以在不同行业独立应用，这似乎可以帮助 5G 与垂直行业完美结合。但理想虽丰满，现实却很骨感，5G 进军垂直行业绝非一帆风顺，而是一场难打的持久战。

仅从当下国内 5G 的发展情况来看，要与垂直行业深入合作，运营商就必须切实解决五大难题。

第一个难题：需求零碎化

5G 进军垂直行业，最大的挑战在于需求零碎化。在 5G 推出之初，便找到一个具备普适性的、适用于各个行业的解决方案非常难。

垂直行业中包含医疗、制造、安防、公安、农业等诸多领域，且这些行业的需求千差万别，它们需要的解决方案也是截然不同的。如何将这些零散的需求整合在一起，是 5G 垂直行业落地面临的最大挑战。

当年推广4G时，国内运营商采用的方式是在全国范围内大范围地铺开，使更多用户认识到4G网络的优势。可不幸的是，5G时代这种模式很可能难以复制。相比之下，“农村包围城市”这一路线则更具可行性。比如，针对每一个垂直行业内的不同需求，先推出基础版本的方案，形成一个有效的单点解决方案，再采用全面铺开的方式，最终推向全行业。

第二个难题：需求模糊化

需求零碎是5G面对的一大挑战，而需求模糊也是5G需要面对的难题之一。在诸如海尔、国家电网、富士康一类的垂直企业，由于它们拥有明确的企业发展方向，因此对5G的需求非常清晰。但是依然有很多行业与企业并不明了5G的功能，不清楚5G能给自身带来多大的改善，也不知道自己到底需要什么样的解决方案。而这些都是需要运营商去深入探讨和挖掘的。

虽然当前5G标准已经逐渐呈现明朗趋势，但因为垂直行业参与5G的维度不足。所以现有标准是否能够满足行业需求？满足了多少垂直行业的需求？是沿用已有的标准，还是面向未来、重新优化标准？这些问题都需要运营商与垂直行业合力以后才能寻找到答案。

第三个难题：垂直化运用的标准不明确

就像有作者或商家要入驻微信公众号一样，入驻者必须遵守微信确立的标准。拥有标准是产业规模化的基础，同时也是使生态圈完善的关键。

如今5G早已成为技术热点，有关5G的会议也召开了无数次，但5G与垂直行业联合召开的会议还较少，全球范围内的此类会议多是由巨头各自召开的。比如，高通、华为都在努力与各个行业的巨头联合召开会议，展开私下合作。这种非全体联合的会议性质，直接导致了5G 与垂直行业合作标准混乱的结果。现下有国际标准、国家标准、企业标准、行业标准、组织标准等，有些则没有标准，只是按照企业自己的意愿定制。

如何将这些碎片化的标准统一起来，是运营商要主导新生态必须解决的另一个问题。所有的技术在促进产业规模化、生态圈完善化的过程中，都会形成明确的标准。眼下虽然 5G 标准不明，且加入的企业并非全球范围内的，但在 3GPP 等组织制定标准的过程中，西门子、特斯拉、苹果等企业皆有加入，这就为垂直行业的加入标准树立了非常好的典范。

第四个难题：上下游协同度不足

与垂直行业进行深入交流的过程中运营商还发现，有些问题是单方不可控的，唯有上下游通力协作才能解决。比如，制造业的机械臂，这些机械臂采用的是哪些通信技术？ 5G 参与以后，是要重新设计这些机械臂的操作程序，以适应新通信要求；还是出厂时便与制造商商议，在设计的过程中便提前纳入 5G 方案规划？是否纳入 5G 方案，关乎彼此的利益，这需要运营商与工业企业之间进行密切合作，才有机会形成整体的解决方案。

第五个难题：投资回报率不明确

投资回报率是所有企业赖以为生的关键，运营商与制造业皆是如此，而 5G 投资回报率不明确也是 5G 在生态塑造过程中面临的最大挑战。比如，运营商在为一家制造工厂提供 5G 解决方案以后，要如何收回前期的服务投资？这是摆在运营商面前的最大难题。不解决这一难题，未来5G 便无法与垂直行业进行配合。而解决这一难题，需要运营商去思考更多可行的商业模式。比如，向互联网企业学习，推出一些后付费模式或免费模式，让工业企业看到5G带来的好处，从而更乐于引入5G模式——可以说，这是决定5G发展走向的关键所在。

眼下我们正在面临5G带来的第一批"优化""整合"浪潮，随后，在升级后的产业环境下，新应用、新产业都将萌芽。可以看到，在5G展示的广阔合作空间所带来的潜在利益驱动下，通信行业会继续推动与垂直行业的合作，落地更多垂直行业项目，使5G真正给垂直行业带来价值。当然，这也将带来5G商业模式的全面变革。

第七章

CHAPTER 7

变革：5G 催生商业模式变革

在 2G、3G、4G 还将继续存在的情况下，5G 横空出世。垂直行业应用是 5G 盈利的重要方向，可是作为初来者，5G 明显欠缺经验。这种经验上的不足，除来自技术层面的挑战之外，更多的是来自商业模式的挑战。当前，虽然 5G 风头正劲，但还没有行之有效的商业模式推出。

1 5G 的商业场景和盈利模式成为最大挑战

管理大师德鲁克说过，今日企业间的竞争，并非产品之间的竞争，而是商业模式间的竞争。企业要获得成功，就必须先从制定商业模式开始。想了解 5G 的商业模式，就必须从商业模式的标准与定义入手。

欲全面普及 5G，需要先找到恰当的商业模式

近年来，商业模式是管理界的热点。尽管管理学家们对该名词的解释各不相同，但其本质上只是为了获得持续盈利能力的一种整体解决方案。这一方案立足于各方价值最大化，把帮助企业运行的内外要素进行融合，形成一个完整、有效、拥有独特核心竞争力的运行系统，并通过最佳方式来满足客户需求，在实现各方价值的基础上，达成持续盈利。

商业模式需要满足各方（包括客户、员工、合作伙伴、股东等利益相关者）价值，用一句话来阐述，即商业模式描述并规范了一个企业创造价值、传递价值与获取价值的核心逻辑，如图 7-1 所示。

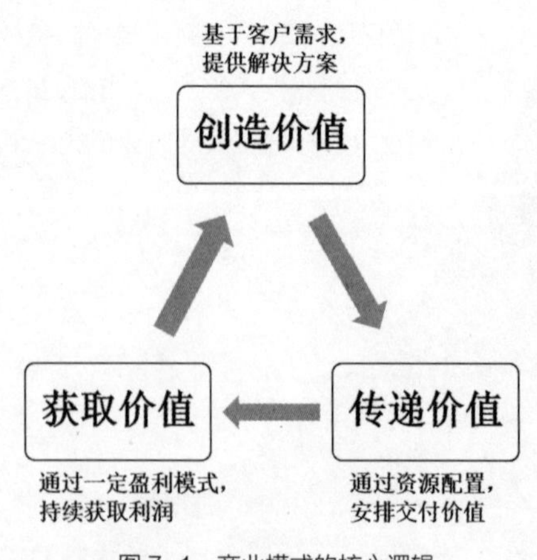

图 7-1　商业模式的核心逻辑

5G 作为一项新生事物，要普及与大规模商用，就必须解决商业场景与盈利模式的问题。

从眼下对 5G 的共识来看，作为一个为未来设计的网络，5G 为的是深度满足“人的需求”，并兼而瞄准“物的连接”。从这一意义上来说，5G 并不仅仅是通信技术 4G 的发展，更是一场从设备技术和无线技术接入网、核心网到云端的跨行业融合，也是从之前通信网络“修跑道”到“提升跑法”的一种转换。

20 年间，国内运营商角色发生巨变

过去 20 年是运营商快速发展与变化的时期。

国内的三大运营商中国移动、中国联通和中国电信，都是从邮政体系中分离出来的。站在移动通信的大风口，随着网络基站建设的完成、手机的普及，移动成为国内最大的运营商，联通紧跟其后，而电信因为之前一直占据了电话安装这一业务，所以发展情况反而不及前两者。

2G 时代，中国移动拿到了 GSM 牌照，中国联通拿到了 CDMA 和 GSM 两个牌照——此时的它们是典型的内容提供商，大家选择不同的运营商的初衷，都基于通信信号好不好、内容服务如何。中国移动因为能够全力发展 GSM 网络，所以抢到了最初的一波“流量红利”，后来推出的“移动梦网”“动感地带”等，都吸引了大量用户。

3G 时代，中国联通通过与 iPhone 的独家合作，吸引了大量从移动迁移而来的用户。中国电信反而因为之前专注于小灵通业务（个人手持式无线电话）的发展而落后于另外两家。

不过到了 4G 时代，各家运营商之间的网络、产品已逐渐雷同，经过多年的竞争，它们之间的差异早已大幅度缩小，“管道化”时代正式开始。

“管道化”时代，运营商失去定价权

“管道化”时代的最大特点就是，电信运营商的收益日渐减少，它们提供了通信网络与基础，促进了网络的发展，但这一切如今成了“为他人作嫁衣”：随着网络日渐发达，流量越来越大，通信设备所面临的考验越来越高，可大部分利润却被 IT 企业截留了。

就国内来说，人们越来越少打电话、发信息，越来越多的人选择用微信沟通。这就意味着，只要是在 Wi-Fi 环境下，通话便是免费的——这也是为什么过去几年间，三大运营商在话费、流量、短信包等方面的盈利都呈现下滑趋势。

为了保持盈利能力，运营商不得不继续在基础设施方面加大投入，可是却得不到相应的回报。身为设备提供者、运营维护者，运营商竟然失去了定价权。

在这一时期，通信行业的商业模式发生了巨变：运营商提供了基础通信设施，交付了良好的网络体验，却失去了主导权，并因此而陷入了失利状态。

“去管道化”成为摆在运营商面前的一道难题，而且这一难题绝非只存在于国内运营商。事实上，全球范围内的电信运营商都在考虑如何才能“去管道化”。但若找不到恰当的商业模式，这种“去管道化”并不一定会成功。

尼古拉斯·卡尔是美国计算机领域著名的研究者，他指出，在云计算崛起后的 IT 行业，互联网或许会像自来水或电力一样，由专门的公司提供服务，用户可付费使用，IT 的命运与价值会被重估。

这也是未来运营商有可能会面临的一种情况：在无强大商业模式的情况下，运营商的利润将进一步加速下滑，变成利润更低的“哑管道”。倘若果真如此，这个原本已经高度融合的行业，很可能会经历进一步的整合。正如英国《经济学人》杂志评论的那样："一些国家或许最终只剩余一家移动基础架构提供商，就像很多国家往往只有一家自来水公司一样。"而"哑管道"模式之所以会成为一种可能，源于流量商业模式这一根本原因。

2 5G 元商业模式：早期流量模式

5G 早期依然沿用流量模式

2019 年 3 月，思科发布了一份分析报告，预测单个设备的平均数据流量，会从 2017 年的 2G 增长至 2022 年的 11G，而 5G 的连接数将占到 3.4%。

这一景象很像通信网络从 2G 到 3G 的转变：在 2016 年，中国用户户均流量仅为 772M，到 2018 年年底时，用户户均流量已经达到 6.25G。

其实思科的预测结果略显保守，至少对中国市场而言是略显保守的。基于三大运营商庞大的用户量，未来 5G 个人用户综合设备的月均流量直线上涨的状态，很可能会随着 5G 牌照在国内的发放而迅速到来。

有关 5G 初期的基本商业模式也由此发展而来，即流量商业模式。

流量是"IT+"时代的重要载体，社会各个环节都离不开流量，流量业务的大规模增长，用户需求的多样化，都要求运营商的管道必须更智能化、更开放化。在 5G 初期，随着用户流量的直线增长，运营商必然会顺应流量需求剧增这一发展规律，推出流量盈利模式。

从 4G 时代开始的流量经营

流量经营的概念是从 3G 时代开始提出的，即通过刺激终端用户使用流量的方式来增加收入。在 4G 时代，电信运营商的流量经营模式主要是通过下述两种方式展开的。

通过社交红包刺激流量增长

4G 时代是移动互联网飞速发展的时代，面对 QQ、微信，特别是后者带来的冲击，语音与短信业务快速下滑，运营商们不得不从之前的“语音经营”转为“流量经营”。这是对运营商过往数十年商业模式的彻底颠覆，运营商们不得不接受电话通信、短信通信已从巅峰走下的现实，从而展开流量经营。

运营商们展开流量经营的第一步，是向互联网（特别是微信红包）“取经”，推出“流量红包”，即用户将流量分出去，供朋友来“抢”，抢到多少便拥有多少，还可以直接赠送。遗憾的是，因为运营商未领会社交流量经营的内涵：微信、支付宝等企业推出的红包，是真金白银的人民币，但流量红包是需要购买的，其本质上是运营商的变相营销。那既然要买，为何不直接发微信红包呢？欠缺深度的思考，导致这一方式变成了“东施效颦”，对用户的吸引力并不强，参与者也极少。

建立流量交易平台，盘活剩余流量

在流量红包失败后，运营商又在流量经营领域推出了流量银行、流量宝、爱流量、流量钱包等一系列交易平台。他们期望通过类似的平台，将其积累的海量客户资源，与线上的电商、游戏公司和线下的餐饮、服装、银行等企业连接起来。

用户则可以在该类平台上将自己富余的流量、商户积分等转化为流量币，将之转赠或售卖给该平台上的其他用户，从而突破流量的网络限制，享受到运营商“流量不清零”的服务。

这类平台意在扩充流量消费场景，增强内容与流量的结合，通过将流量货币化来发掘流量的流通价值。这种流量经营方式，只能说在一定程度上带来了营销价值，促进了数据流量的增长。

可以说，这两种流量经营模式是运营商在 4G 初期推出的，它们并未起到良好的流量带动作用。不过在进入场景流量经营模式后，数据流量的增长则显而易见。

场景化经营流量变现

目前，国内运营商开始与 IT 企业合作，采取后向流量经营和定向流量经营两种方式，以促进流量变现。

后向流量经营

后向流量经营即由 IT 企业向运营商支付流量费用，用户可以免流量（或在一定流量范围内）使用该互联网企业提供的内容。比如，腾讯与中国联通联合，推出了“腾讯大王卡”。该卡免流量应用的范围已经从微信、QQ 浏览器、QQ 等腾讯系应用扩展至十几个非腾讯系应用，如快手、斗鱼、龙珠等。

采用这种流量经营方式，用户在应用中畅玩所产生的手机流量费用，将由腾讯统一支付给联通运营商，用户无须承担相关流量费用。

定向流量经营

定向流量经营即运营商与音乐、视频等户均流量大且用户付费意愿强的 IT 企业合作，推出一系列的音乐流量包、视频流量包，比如，18 元 30GB 的咪咕视频定向流量包，9 元 15GB 的今日头条、抖音体验包等。

通过低廉的定向流量包，带动用户对视频网站、音乐网站等重流量业务的使用，而费用由运营商先收取，按照比例与合作方进行分成。

在定向流量的操作中，一些 IT 企业为了达到推广应用的目的，往往会与运营商展开上述两种流量经营方式，即如今常见的“用户免费、商家买单”。

在这种商业模式中，我们可以明显地看到它们的盈利模式为，运营商通过分成、用户购买等方式盈利，而企业则可以获得下述价值。

（1）企业以应用商店为平台，通过“签到送流量”、设置“免流量下载专区”等多种方式，达到吸引新用户、增加用户黏性、刺激用户使用等目的。

（2）视频类、购物类网站等互联网企业利用流量促进自身主营业务发展，这类企业一般通过流量经营吸引高价值新用户，同时也提升存量用户的活跃度，从而促进业务发展。

（3）银行、证券等金融类企业则通过赠送流量培养用户对电子渠道的使用习惯。

另外，由于在5G初期，移动互联网时代的流量需求虽然呈现直线增长趋势，但因为“杀手级”应用未出现，手机与平板等终端依然是普通用户使用流量的首选。因此在此阶段，运营商的商业模式依然会以流量模式为主。

3 5G早期的流量商业模式将延续4G思维

两大事实正在发生

5G早期将继续使用4G时代的流量商业模式，即基于使用量展开基本定价。这一定价模式与5G初期的两大事实密切相关。

电信运营正在刺激5G连接数的增加

传统通信业务市场早已趋近饱和，4G时代的流量红利正在快速消退，再加上通信市场本身的竞争不断加剧，提速、降费等各类举措不断推进。在2019年上半年，国内运营商已经深陷“增量不增收”的困境而难以脱身。

一方面是营收受限，另一方面是5G部署需要庞大的资金量，运营商们都希望4G老客户转用5G新网络，同时吸引5G新客户，唯有如此才能获得 5G 先发优势。但刺激用户去尝试 5G 这一新事物，需要更便宜的手机、更好的网络、大规模的终端补贴与降低门槛 —— 这些故事在 3G 时代与 4G 时代早已重复过，而移动、联通已开始部署此方面内容。

5G 初期，视频内容资源是竞争重点

让普通用户体会到 5G 的优势，视频内容资源是重要的刺激方向。因此，哪怕此类资源主要掌握在互联网企业手中，未来运营商也会将之当成竞争重点。

可以预见，未来几年间，短视频、娱乐视频、体育视频等视频内容，将成为运营商竞相角逐的资源，而视频发布商将成为运营商重点抢夺的合作对象。

5G 初期，流量商业模式也会发生变化

从不同的用途、不同的需求角度来划分，5G 初期的流量模式可能会按下述类别展开。

时间角度："实时流量"与"非实时流量"

从时间角度来划分，我们可以将流量分为"实时流量"与"非实时流量"两种。其中，实时流量商业模式的可用领域如图 7-2 所示。

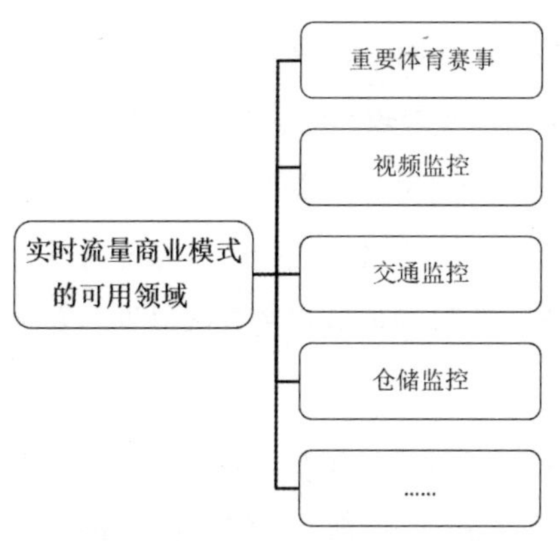

图 7-2　实时流量商业模式的可用领域

由图 7-2 可知，实时流量商业模式主要用于行业视频领域。比如，在 NBA、足球世界杯一类体育赛事的直播中，其流量具有实时性。因此，流量的价值可能会按参照内容时间的价值来定价，而非按使用量来定价。再加上无线网络替代有线网络所带来的便利，流量的价值或许会比有线方案的更高一些。

这种流量模式在 4G 时代是无法实践的，它只有在 5G 部署完成以后才有可能实现，这与 5G 的大带宽和可靠性相关，唯有 5G 才能满足重要赛事类实时流量传输的需求。

可用性角度："可靠流量"和"非可靠流量"

前者是传输速率极其稳定和高效的流量，而后者则可能会出现传输有快有慢的情况。在普通生活与工作中，非可靠性流量并不产生太大影响，但在工业制造领域、医疗领域中，若将 5G 嵌入原流程，那么对流量的可靠性要求往往会排在第一位。这就需要运营商在网络、系统、设备上形成高可用性的流量服务。在这一场景下，流量的价值评估与定价应该按照两个方向来展开：

（1）数据传输采集系统的建设成本；

（2）运营维护的价值。

但与普通场景相比，这两大领域的流量需求显然并不算大。是否存在需求海量且又对可用性要求较高的这样一种场景呢？

答案是肯定的。因为自动驾驶便是这样的场景：车与车、车与路、车辆驾驶本身，都需要可靠流量的支持，更需要通过大数据来进行信息交换。在这种场景下，流量的价值应按其所提供的安全可靠等级来进行评估。

4G 时代基于使用量的流量商业模式还会继续存在，不过这种模式只适用于小流量、非实时的业务场景，比如，我们常用的微信聊天。

流量模式需创新

5G 时代，运营商最需要做的就是改变竞争思维。

虽然通过定向流量模式的开发，运营商得以与具有重流量业务和高用户活跃度的 IT 企业合作，并获得了用户与业务量上的快速增长，但这一商业模式也加剧了运营商对互联网企业的依赖，更使运营商自身的业务收入的增长不得不受制于 IT 企业。

在开放平台与应用分发领域被大型 IT 公司（国内典型的有百度、腾讯、阿里巴巴等）把持的事实下，要避免进一步“管道化”，就需要运营商结合自身原有的资源与渠道优势，统一计费模式、流量结算方法，以彻底打通流量交流平台，占据产业链的绝对主导地位。

5G 技术的不断推进，为运营商提供了一次改革商业模式的最好机遇。当大量利润流向以 IT 企业为主的服务提供商时，运营商必须利用自身在基础设施方面的伤势，深挖潜在优势，实现精细化的流量经营。从目前情况来看，最有效的方式是，运营商放下封闭的经营理念，以开放的态度搭建一个生态系统平台，构建一个让硬件商、终端制造商、用户等全部参与的生态系统，借此寻找新的盈利模式。

不过在新的生态系统中，运营商依然要以自身为核心，与 IT 企业形成相互促进、相互依存的关系。运营商在对互联网公司进一步开放合作路径的同时，更需要在商业合作模式策略上牢牢把握自己的“信息通道”这一优势，再融合 IT 企业的优势产品，综合提升自身能力。

面对新风口，很少有参与者可以保持耐心与冷静，电信运营商也不例外。网络压力不断加大，自身极少参与硬件创新，封闭的通信领域即将开放，自营业务又不够专业——在 5G 时代若依然坚持按使用量来计算流量价值，那么将会是运营商与用户之间的双输。

我们很难说，若 5G 初期国内三大运营商又过于急迫地“做多”5G

市场，是否会引发另一轮的网络竞赛与终端补贴大战。但是若运营商可以摆脱管道定价的竞争思维，差异化自身的战略定位，容忍自己“暂时落后”的市场地位，将发展重点从“新用户增长”转移到“存量用户价值挖掘”上来，那么它便有机会逃离价格竞争的红海，走入一片新的蓝海。

4 切片商业模式：站在上帝视角看垂直行业

随着全流量触点的高速普及，用户流量需求不再仅依靠移动网络支撑（见图 7-3），这致使作为营业收入绝对支柱的移动通信业务收入增长不足，运营商也面临了营收增长趋于停滞的困境。更糟糕的是，这一困境并不会因为 5G 时代的到来而得到缓解，反而会因为 5G 的超快网速、出色带宽、无时延的特点而加剧。

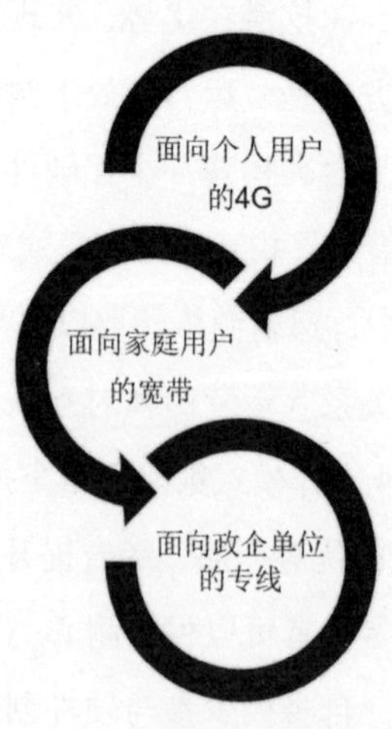

图 7-3　全流量触点

但之前的按使用用量定价的模式明显不再合理，在 5G 网络条件下，流量飞速流逝，而国内三大运营商在 2019 年 9 月公布的 5G 套餐，每月最低也得 199 元。并不低廉的收费，相当于将 5G 运营成本转嫁到了用户身上，用户自然不乐意为此买单。

另外，5G 商用最大的开拓方向并非个人用户，而是垂直行业。我们在前文中已提及，企业用 5G 网络与普通用户用 5G 网络是截然不同的，收费标准自然也不相同。在这一大前提与 5G 切片技术的先天特征结合后，切片流量模式应运而生。

切片商业模式：提供可定制的专用网络

我们在前文已经提到过，网络切片是 5G 网络的重要特征，切的是不同场景下的数据业务需求。

切片模式具有两个重点：一是特定专用；二是同一基础设施。

（1）特定专用，这是针对垂直行业的特点，A 行业的特定专用网络与 B 行业的特定专用网络不同多于相同，甚至完全不同。

（2）同一基础设施，是指电信运营商，一个通用网络、一次性投资，便能包罗万象，满足垂直行业的多样化与差异化需求。

在 2018 年，全球著名咨询公司高德纳在一份报告中指出，进行网络切片开发是 5G 最大的收入潜力。

在切片商业模式中，运营商的关键业务是向垂直行业中不同的对象销售各类逻辑网络，即行业切片。构成通信服务的所有组件，如专用处理能力、安全模型等，都可以通过 5G 网络切片的管理系统来进行更改、配置。

不同行业的 5G 切片所拥有的几大特点（见图 7–4）结合起来后，为我们展现了一个非常诱人的场景：5G 进军垂直行业之前并没有成功的经验可供借鉴。面对复杂多样的行业客户，切片在设想中为电信运营商提供了一把“万能钥匙”。它可以为客户定制各类“专属”网络，使网络成为服务。

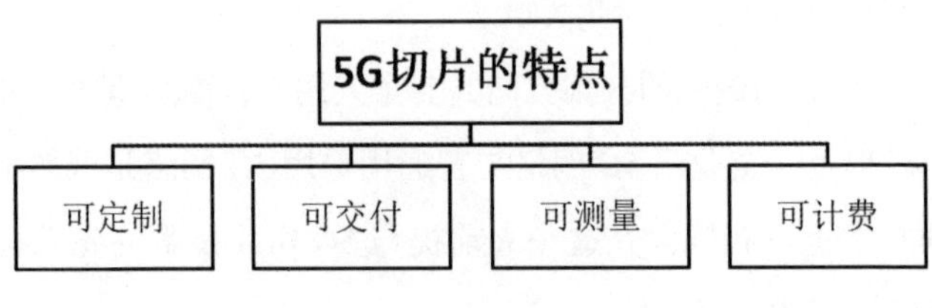

图 7-4 5G 切片的四大特点

目前三类切片提供方式呼声较高

5G 切片在当下只是一种理论，不过专家们已经设想出了三类切片的提供方式，如图 7-5 所示。

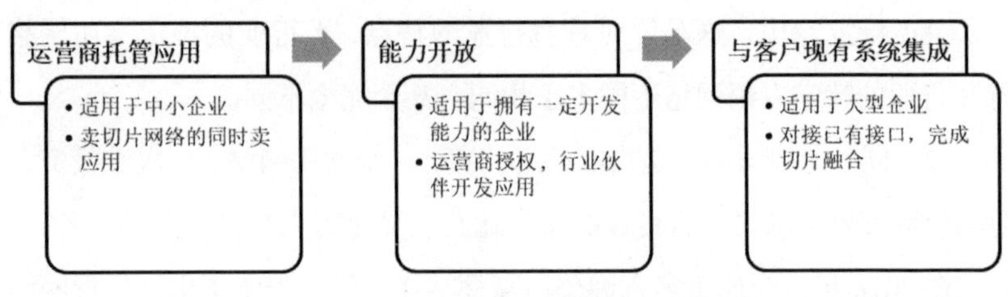

图 7-5 三类切片提供方式

运营商托管应用：卖切片网络的同时卖应用

这种方式立足于切片能力。运营商运用自己所拥有的网络筹建能力，灵活地配置专用网络，并通过行业知识、资源与工具，创造适合企业情况的切片应用。这是一种提供“一揽子解决”方案的模式，日后可能会更适用于没有独立筹建网络能力的细分行业、中小企业。

能力开放：运营商授权，行业伙伴开发应用

该切片提供方式更适用于拥有一定开发能力的对象，即运营商向行业伙伴、客户或开发者提供网络接口，把切片的创建和运营权交给他们。这些伙伴基于自身对切片的理解，结合自身的资源和对行业的了解，形成基于切片的应用。

与客户现有系统集成：对接已有接口，完成切片融合

这一切片提供方式日后会被大量用于满足大型客户的需要。此类顾客往往拥有成熟、复杂且规模庞大的系统，并且因为自身的业务流程、管理过程复杂，所以电信运营商需要提供与这些系统对接的网络接口，以完成切片系统与客户系统的融合。

这三类切片提供方式如今都在探索之中，未来它们会如何落地，目前尚未有定论。但可以确定的是，切片依然是管道。

切片商业模式的本质依然是运营商提供管道

从 3G 时代卖语音、整个 4G 时代与 5G 初期卖流量，到 5G 成熟期卖逻辑专网，其本质并未发生变化。可因为切片模式服务对象的千差万别，运营商必然要面临巨大的挑战：在上述三种切片提供方式中，皆需要运营商站在上帝视角去审视并回答相关问题，如图 7–6 所示。

运营商自问

- 垂直行业与自身的通信能力结合到了哪种程度？
- 垂直行业目前在自身所处行业中的实力如何、欠缺在哪里？
- 通信能力的提升，可以弥补垂直行业的哪一劣势？提升其哪一优势？
- 如何提升与弥补？

图 7–6　运营商自问

有关上述问题，最典型的例子是，运营商若要为富士康提供 5G 切片网络，就必须完整地理解富士康的生产工艺细节，以及当下富士康集团内部的网络运营状况，这样才能准确地交付富士康所需要的制造切片。

要回答这些问题，电信运营商就需要对上述问题做出清晰的回答，这无疑需要大量相应的专业人才——这是一种与通信行业现有组织、运营方式、人才管理截然不同的模式。想实现从平视视角的“参与者”到上帝视角的“观察者”的角色转变，运营商就需要回到初始的问题上来：在全新的生态链中要如何定位自己？自己目前所拥有的能力是否能支撑此类诉求？

电信运营商面临的最大挑战：如何逃离价格战红海

其实单纯从技术方面来看切片商业模式的话，我们会发现，目前运营商还无法实现它们。或许在5G网络部署成熟后，这一切片商业模式会带给我们更多的启示。

不过，在切片商业模式中，运营商若如流量时代一样，运用价格竞争来操作它，那么未来的竞争依然会陷入同质化中，5G切片模式也会如4G时代的流量经营一样，存有利润，但因为“杀手级”应用的出现而变得不可逆转。

因此，未来电信运营商在开发5G技术与部署5G的同时需要考虑，如何才能寻找到差异化的竞争要素；如何才能将之与切片进行组合，使自身成为垂直行业提升生产效率的生产力工具。

解决不了这些问题，充满机遇的蓝海便会变成新的竞争红海，而电信运营商也有可能如同4G时代败给互联网应用一样，败给新的对手。

5 IT商业模式的延伸：平台商业模式

平台商业模式是近几年商业模式上的最大创新，Google、淘宝、Uber、微信……这些10年前还籍籍无名的事物如今能够拥有如此大的规模，凭借的就是平台战略。今天这种模式已被广泛证明，可为企业发展带来快速增长点，但它是否能被运用于5G发展中呢？答案是肯定的。

平台模式下，运营商要“搭台唱戏”

平台模式类似于“搭台”：通过搭建一个台子，请乐于参与者加入其中，大家一起宣传、参与演出，卖票的收益则按一定比例分成。从本质上来说，这是一种多主体、“多”赢的战略选择。

三个关键点决定了某一商业模式是平台商业模式。

本质：多主体参与

这是一个“多对多”的关系，只是平台提供者处于主导地位，它主导的并非商业利益的分配权，而是生态游戏规则的合理运营权。

核心任务：构建与放大网络效应

这是平台模式的核心任务，平台模式是否成功，取决于网络效应是否能形成并稳定下来。如微信，使用的人越来越多，它能提供的功能越来越多，带给消费者、企业、平台的效应越来越大，因此它成功了。

目的：形成商业生态系统

平台提供者必须时刻注意，建设、提供一个稳定的生态系统才是最终目标。而要达成这一目标，需要平台满足四大条件，如图 7–7 所示。

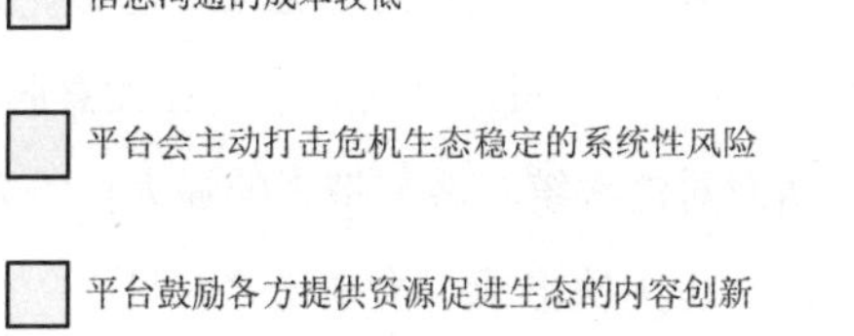

图 7–7　稳定的平台商业生态需要满足的四大条件

在平台商业模式下，平台运营者必须担任起“工具提供者”的角色，并要为之承担成本——这一点与电信运营商要做的不谋而合。

在 5G 时代，平台商业模式至关重要

我们可以从下述 5 点理解这一重要性。

（1）5G 提供的大带宽、高密度、高可靠性三大连接能力，皆不是以满足“人与人”之间的连接为根本目的，它们面向的是全维度、全覆盖的行业服务。

（2）5G 会与电力、水力一样，成为各个行业不可或缺的生产力要素。5G 部署的成功，会使各个行业都将 5G 纳入创新发展方向。

（3）传统行业对本行业的资源、知识拥有先天优势，但其眼下数字化进程不足，对数字化背后的潜在价值也缺乏长远认知。

（4）电信行业自身不具备垂直行业的知识细节，以平台提供者的角色切入是最好的选择。

（5）在平台商业模式下，运营商在基础设施、数字化产业的整合优势可以体现得淋漓尽致。

一体化不足是 5G 平台模式的最大阻碍

眼下 5G 平台模式最大的阻碍在于，运营商、客户一体化不足。中国运营商采用的是地方割据的经营制度，总部无法将各省用户的行为数据集中起来，且产品、业务都有强烈的地方区域色彩。微信一类的 IT 公司之所以能获得巨大的发展空间，是因为它们在无意间取消了这种“分而治之”的情况。而面对这种统一客户带来的强大竞争力，运营商方面，哪怕是中国移动内部，也无法形成合力来与之对抗。

任何平台模式在启动之初，都面临一个巨大的问题，即在多边中任意两边之中，一边的玩家是否能为另一边玩家提供足够多的用户。只有

提供足够多的用户，才能形成网络效应。在这方面，中国运营商拥有天生的网络效应基因。暂且不说中国移动的 16 亿连接规模，仅电信与联通四五亿的连接规模，综合起来所形成的网络效应及背后的利润空间都是惊人的。

最关键的是，这一规模还是现成的。这就意味着，它们可以在最初时期便以过亿的规模直接连接、直接触达。不过要让这一现成资源落地，需要运营商先转变理念：当 5G 变成通用技术后，最大的资源不再是连接能力，而是其背后庞大的客户资源。

5G 平台模式的六大要素

运营商对网络的一体化管理能力、对网络的重资产投入都属于底层能力，这也恰恰是 IT 企业最欠缺的（特别是后者）。在这些底层能力的支持下，5G 平台商业模式会建立在六大要素的基础上，如图 7–8 所示。

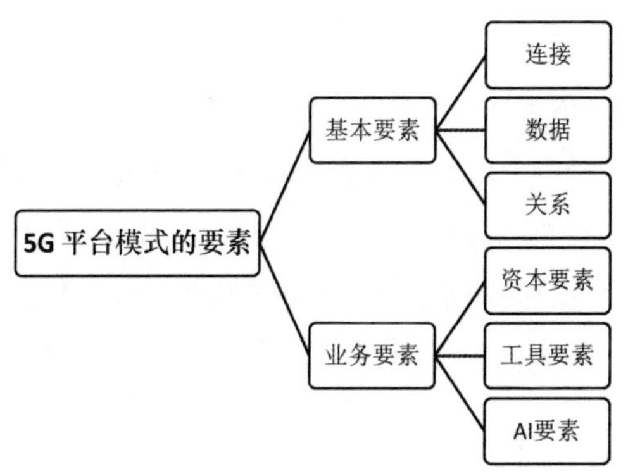

图 7–8　5G 平台模式所需要的六大要素

连接

5G 时代，对连接的需求更柔性、更灵活，要满足各个垂直行业不同的连接需求，最终还是需要依靠电信运营商，其他机构并不具备这样的能力与资源。

数据

运营商通过底层获取的数据是所有行业都非常重视的基础数据。

关系

运营商未来要形成对人与人、人与物、物与物之间的潜在掌控力。在人工智能时代，这种潜在的挖掘能力是构建多边平台网络效应的核心竞争力。

资本要素

5G 平台必须具备金融属性，就像微信支付与支付宝一样，一旦失去了金融属性，其平台价值就会大大下降。

工具要素

即创造价值的工具，比如，微信的朋友圈、公众号平台等，这些工具都是多方加入、参与、增加网络效应的关键。

AI 要素

在 5G 时代，因为网络速度的大幅度提升，AI 也将成为通用技术。

可以说，在经历了初期的流量商业模式、中期的切片商业模式后，平台商业模式将是 5G 商业模式的最终归属，“平台 + 切片” 的商业模式将会融合，促进 5G 的全面发展。虽然目前还无法预见这些商业模式如何落地，但是有一点我们可以确定：若商业模式探索失败，5G 必将枯萎。

第八章

CHAPTER 8

展望：未来，5G 将做出多大经济贡献

5G 大规模的生态运行离不开政府的宏观推动和调控。在全球范围内，由于市场前景巨大，美国、中国、德国、韩国等国家皆已加入 5G 开发的队伍。未来围绕 5G 展开的国家战略、产业布局将逐渐清晰。

1 价值 12.3 万亿美元的全球机遇

2019 年 5 月 30 日，白宫科技政策办公室发布了两项针对 5G 技术的报告，阐述了美国在无线通信领域的研发重点，这两份报告分别为：

（1）白宫科技政策办公室及无线频谱研发机构共同发布的《美国无线通信领导力研发优先事项》；

（2）白宫科技政策办公室发布的《新兴技术及其对非联邦频谱需求的预期影响》。

两份报告表明了美国将 5G 当成国家战略的态度

这两份报告是美国特朗普政府在制定国家频谱战略过程中的工作报告，它们侧重于频谱管理的均衡方法，其推出是为了支持关键的政府服务和未来的频谱需求。

美国政府在一份名为《确保美国充分发挥 5G 潜力》的新闻稿中表示，有效地使用频谱和频谱可用性是国家安全及繁荣的基础，它需要一个涵盖和解决科学研究、技术、政策、立法、运营和经济的“全频谱解决方案”。而两份报告的推出，为美国频谱战略奠定了坚实的基础，并为美国制定频谱政策的决策者提供了资源。

其实，这并非美国首次表明对 5G 的积极态度。早在 2018 年 10 月，美国总统特朗普便要求美国商务部制定一项长期的全面性的国家频谱战略，从而为引入下一代 5G 无线网络做好准备。

为了加快 5G 部署，坐稳移动通信领域领军者的位置，在 2018 年 9 月 28 日，白宫高层官员还专门召开了“5G 峰会”。在会上，特朗普首席经济顾问拉里 · 库德洛先生表示，特朗普政府将采取“美国优先，5G 第一”（America first, 5G first）的方式，鼓励私营部门尽快部署 5G。

人们可以轻松而明确地接收到有关这次峰会的基本信息，特朗普政府已表明态度，将尽全力从政策上帮助无线运营商和无线行业的其他部门加快下一代无线技术的部署。

两份报告指明了美国 5G 发展领域

白宫发布的两份报告有其各自的侧重点。

《美国无线通信领导力研发优先事项》揭示三大重点发展领域

这份报告中揭示了美国会将下述 3 方面内容当成重点发展领域。

（1）追求频谱灵活性，以使用多个频段和新波形。

无线系统需要新的及更先进的射频技术，唯有如此才能支持使用多频段的灵活性。该举意在鼓励机构进行积极的频谱研发。

（2）提高近实时频谱感知能力。

美国政府指出，随着频谱环境继续变得更加拥挤，其国内需要研发一种安全的方式以提高频谱感知能力，例如，近实时网络传感和监控，并保护隐私。

除提供有关网络和频谱环境变化的更多最新信息外，监控还支持增强的干扰检测和分辨率。增加使用低功率和高定向天线既是挑战，也是实现频谱感知能力的机会。

（3）通过安全的自主频谱决策提高频谱效率和有效性。

未来的无线网络可能会更加分散，能够更好地应对不断变化的环境条件。频谱共用决策需要实时、自主和安全地进行，并与同一地理区域内、宽频率范围内的其他不同的无线系统协调，同时平衡频谱的有效使用与联邦和私人任务的有效性。

《新兴技术及其对非联邦频谱需求的预期影响》为私人部门工具箱

《新兴技术及其对非联邦频谱需求的预期影响》报告分析了自动驾驶等新技术及未来几年要如何利用频谱。报告表示，自动驾驶汽车、工厂自动化和远程手术等使用场景，需要高容量和超低延迟的无线网络。智能城市、精准农业和互联家庭也将对网络提出独特的要求。报告还提出，频谱政策必须保证新型太空技术的商业应用。

报告同时指出，无论是确保频谱的有效利用还是授权创新卫星，美国都必须为企业家和工程师提供在美国创新所需的工具箱。

高达万亿美元的直接产出让美国不得不关注

为何美国政府会将5G战略看得如此重要？美国联邦通信委员会主席阿吉特·派先生表明了原因："保持美国在5G技术上的领导地位，是国家经济增长和提高竞争力的当务之急。"

在全球范围内，5G对经济的直接拉动作用早已得到公认。

中国前瞻产业研究院在2018年时曾经发布报告，报告中指出：

（1）在直接产出方面，按照2020年5G会正式商用来算，预计当年将带动约4840亿元的直接产出；2025年、2030年将分别增长到3.3万亿元、6.3万亿元的产出，10年间的年均复合增长率为29%。

（2）在间接产出方面，2020年、2025年和2030年，5G将分别带来1.2万亿元、6.3万亿元和10.6万亿元的收入，年均复合增长率为24%。

美国无线通信和互联网协会的研究表明，5G技术能够创造多达300万个新工作岗位，带动2750亿美元的私人投资和5000亿美元的新经济增长。

全球性的信息公司IHS Markit更是大胆预测，到2035年，5G的全球经济产出将达到12.3万亿美元。

在互联网红利已经被基本消耗完后，面对身为"第四次工业革命引擎"的5G，美国政府自然不会放过。

2 白宫为何力图“保证美国 5G 潜力”

将 5G 上升到了“美国优先”的国家竞争力的高度的背后，是美国高层在各种场合所发出的声音。美国总统特朗普曾多次表示，5G 是一场“没有硝烟的战争”，美国不允许被任何国家超越。

特朗普首席经济顾问劳伦斯·库德洛（其另一身份为美国白宫国家经济委员会主任）先生则表示，美国政府正在采取“美国优先，5G 第一”的方式，解决美国 5G 发展并不占据优势的问题。比如，美国政府正致力于推动政策促进私营部门的增长，包括降低税收和放松管制。

放松管制，为 5G 发展清障

2018 年，美国国家安全委员会中有官员提议，美国政府应使用 3 年时间来建设并运营一个全国性的 5G 网络。但是这一提议受到了普遍反对，因为在过去的 30 年间，包括美国始终领先的 4G 网络在内的无线行业的发展，给美国政府带来了足够沉痛的教训：政府无力也没有足够的资本去推动科技发展，市场与私企才是推动美国 5G 发展的根本所在。

这一点得到了美国政府高层们的普遍认可，特朗普就曾经多次表示，美国的 5G 技术将由私营企业驱动与引导，美国政府不会投入太多的资金。2019 年，特朗普则直接挑明了政府未来在这方面的举措：“大家都听说过，5G 发展还有另一种选择，那就是通过政府投资来实现这一目标，但我们不会这样做。”

特朗普的发言，直接彻底地否决了美国将以政府力量来建设 5G 网络的可能性。在美国政府不提供支持的情况下，为了刺激私企进军 5G，美国政府在 2019 年推出了“5G 快速”计划。该计划被描述成一个可“促进美国在 5G 技术上的优势”的综合战略。

“5G 快速”计划包括三个关键的解决方案：

（1）释放更多的频谱，为5G和Wi-Fi添加额外的无线电频谱；

（2）促进无线基础设施建设；

（3）简化小基站审批的地方审批流程，在部署5G网络时限制地方政府对移动通信运营商收取费用——仅此一项便可为运营商节省约20亿美元的费用。

“5G快速”计划释放出的条件之优厚、频谱之宽，对美国企业、设备厂商、供应商是一个很大的刺激。这一计划会极大地促进美国本土的电信设备厂商、芯片厂商加大在这方面的投入，推进5G技术的革新。

不过令人遗憾的是，美国5G的发展是存在严重先天不足的。

强调“必争第一”的背后，是美国在5G领域的落后

“中国通过一系列积极的投资和频谱分配举措，在5G发展方面处于领先地位。”

“由于政府较早地完成了频谱拍卖及其对无线技术的普遍承诺，韩国在5G发展上密切紧跟中国。”

“日本在5G方面的能力紧随中国、韩国和美国。”

2019年4月3日，美国国防部创新委员会发布了一份名为《5G生态系统：对美国国防部的风险与机遇》的报告，上述几段分析即为其中的部分内容。该报告中详细分析了5G的发展历程、目前的全球竞争态势及5G技术对国防部的影响与挑战。

最有趣的是，这份报告首次明确地指出了美国5G落后于中国的原因：最适合发展5G的频段在美国被军方占用了，而其他国家不受这个限制。这一明确的事实，使该报告不得不明确地承认中国在5G方面的领先与美国的落后。

基础设备制造商完全缺席，是美国 5G 不占优势的根本原因

美国在 5G 领域的落后有一个根本原因，即美国国内鼓励 5G 发展的都是运营商和政府，但是其本土企业中并不存在最基础的 5G 设备制造商。

所有为美国 5G 发展制造通信设备的企业都是国外企业，哪怕是美国全面禁止华为、中兴进入自己的市场，其国内也没有本土企业可以顶上。也正是因为有这一无法在短期内弥补的空白，才使美国只能将制造设备的市场交给韩国的三星、瑞典的爱立信和芬兰的诺基亚，如图 8-1 所示。

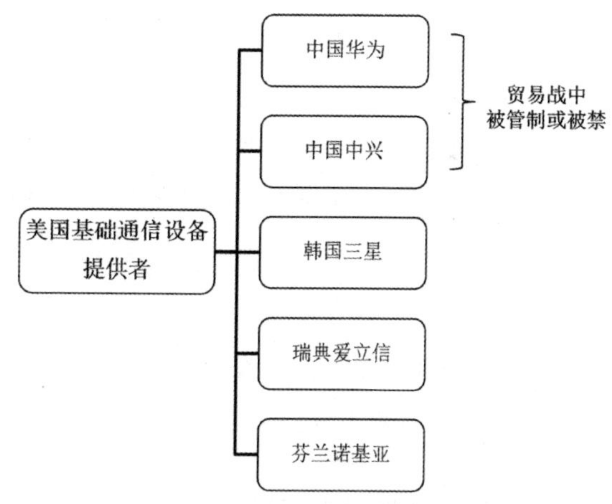

图 8-1 美国仅剩三家基础设备供应商

这就像奥运会上的乒乓球比赛一样，美国一直在强调："我们一定不能失去、不能输了乒乓球比赛！"可美国连能够进入奥运会赛场参加比赛的乒乓球运动员都没有，何来"失去"与"输赢"？

而且 5G 的发展并非是独立的，它需要人工智能、机器人等智能应用领域协同前进。但特朗普的 5G 政策并未将扶持政策向这些领域倾斜，而它们又恰恰是过往十年间美国能够主导智能手机、云计划等产业的关

键所在。由此来看，未来美国的5G发展到底如何，现在下定论还太早了些。

限制中国是为了力保美国5G的竞争实力

随着2019年中美贸易战的拉开，明眼人都能看出美国对中国怀有的警惕心已经发展到了敌意的程度。在5G领域，这一敌意依然存在。身为特朗普首席经济顾问的劳伦斯·库德洛先生在2019年表示，美国政府正在努力采取措施，确保美国公司可以在全球舞台上展开竞争。针对中国中兴、华为展开的一系列举动其实早已证明，美国虽然并不准备在5G发展中投入政府财力，但是依然通过行政力量来解决中国在5G方面可能会超过美国的担忧。

这一点从美国联邦通信委员会在2019年启动的一项提议中便可窥见一斑。该提议认为，美国应阻止任何规模的网络运营商，使用普遍服务基金从对美国构成安全威胁的公司购买设备。要知道，美国联邦通信委员会虽然是一个独立机构，但它直接对美国国会负责。它的这一行动被广泛认为，这是美国政府在试图阻止中国网络设备供应商华为参与市场竞争。但从目前中国的5G发展来看，这种阻止显然是无用且徒劳的。

3 一场因5G而引发的战略竞争

美国《纽约时报》曾这样评论5G：美国政府已将中美对“5G控制权”的竞争定义为新的“军备竞赛”，并认为谁控制了5G，谁就能在军事、经济、情报方面领先其他国家。

近几年，中国通信企业的发展受到美国的百般阻挠，其中就包括美国发出了对中兴通信的出口禁令等。美国一直在寻找压制中国5G发展的“可被广泛接受”的方法。

那么问题来了，中国的 5G 发展到了哪种程度，以致美国如此不顾大国形象也要打压中国？

中国 5G 冲击美国通信的王者地位

虽然美国是当之无愧的 4G 王者，但是在 5G 时代，中国完全有实力取而代之。

中国运营商的网络覆盖水平远超过美国

在中国，哪怕是偏远的深山地区，也早已成功地接入了光纤宽带，手机信号早已达到了无处不在的地步。而美国则存在高速光纤网络覆盖面严重不足的问题，这与美国电信运营商全为 AT & T、Verizon 一类的私营企业有关。偏远地区接入光纤的成本极高，而私营企业必须考虑到“投入”与“产出”比，在入不敷出的情况下，私营企业自然不愿大费周章。

虽然 5G 信号可以转化成室内 Wi–Fi，而且越来越多的美国家庭也因此用上了无线的高速宽带，但不少通信业内人士将其称为“固定 5G 无线”，这与真正意义上的惠及大众的 5G 商用有着极大的区别。

美国 5G 网络覆盖率低且难以创新

2019 年上半年的数据显示，美国通信链中的初创企业数量已降至历史低点。这与美国没有良好的 5G 网络覆盖密切相关，无人驾驶、VR 等应用场景，皆需要优质的 5G 网络作为基础。

因为应用条件与用户规模被限制，所以，虽然 5G 经济生态圈整体价值高达 12.3 万亿美元，但现有的美国通信企业很难发挥领先技术优势，旧有巨头暂且难以入局，初创企业便更加困难了。因此美国产业界整体创新早已呈现裹足不前的现象。

相比之下，中国在通信设备生产商方面的先天优势，决定了中国 5G

生态圈将孕育出更多更强大的互联网生态及更多的潜在创新。

中国政府对 5G 持大力扶持态度

如果说专利、网络部署等方面都是企业在发力，那么中国 5G 最大的优势便在于，国家正在全力托起 5G 的腾飞。

表 8–1 是近年来我国政府发布的重要文件，其中皆提及 5G 的相关发展，由此我们便可窥见中国政府对 5G 产业的重视程度。

表 8–1 近年来中国政府发布的与 5G 相关文件

文件名	印发时间	要求
《中国制造 2025》	2015 年 5 月	全面突破第五代移动通信（5G）技术
《中华人民共和国国民经济和社会发展第十三个五年规划纲要》	2016 年 3 月	加快构建高速、移动、安全、泛在的新一代信息基础设施，积极推进 5G 商用
《国家信息化发展战略纲要》	2016 年 7 月	5G 要在 2020 年取得突破性进展
《关于进一步扩大和升级信息消费持续释放内需潜力的指导意见》	2017 年 8 月	进一步扩大和升级信息消费，力争 2020 年启动 5G 商用

2019 年 6 月 6 日上午，中国工信部向中国电信、中国移动、中国联通、中国广电发放了 5G 商用牌照。由此我国正式进入 5G 商用元年，这比原计划 2020 年 5G 商用提前了一年。国家打响了 5G 发令枪，中国运营商

在互联网大潮中被边缘化多年后，第一次强势回归，真正服务于国家重大战略。

除此以外，中国还大力鼓励 5G 战略新技术、新业务的发展。发展改革委、财政部等部门对 5G 频率占用费标准实行“头三年减免，后三年逐步到位”的优惠政策，即自 5G 频谱使用许可证发放之日起，第一年至第三年免收无线电频率占用费。

相比之下，在 2017 年时，美国有关 5G 的频谱被拍出天价。比如，在 2017 年，600MHz 频谱的售价高达 200 亿美元。这就意味着，美国运营商要进军 5G，就要先消耗高达百亿美元的研发成本。俗话说得好，羊毛出在羊身上，这笔钱最终必然从消费者的身上赚回来。

未来中国或将获得全球 5G 专利收入的 1/3

大国竞赛的背后，永远是经济实力的抗争。5G 作为新科技与未来必不可缺的生产力要素，其背后的庞大利益空间，足以让各国政府枕戈以待。

仅就专利收入来说，我们在前文中已经提及专利对于企业的重要性，新专利授权会产生不可估量的价值。对于行业从业者而言，关键专利的使用权，是稳住自身上游地位的关键，它可以为专利持有者带来源源不断的版权收入。

就在 2019 年，高通与苹果和解后，苹果必须向高通支付一笔来自苹果的法律纠纷补偿款，相当于补偿在纠纷发生的两年间苹果的 4G 特许使用费，而这笔款项的数额在 45 亿 ~47 亿美元。

专利分析公司 IPlytics 的研究数据显示，截至 2019 年 3 月，在全球 5G 专利申请数量排行榜中，中国以占总数 33% 的成绩位居榜首，如图 8–2 所示。

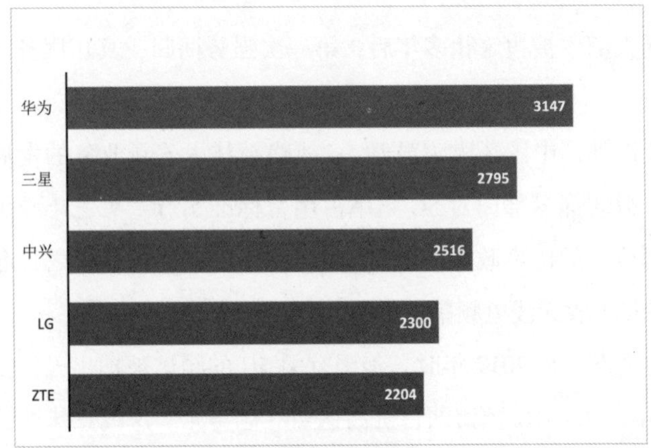

图 8-2 2020 年 2 月，全球 5G 专利统计

假设最终专利持有百分比与提交申请的百分比类似，那么，像华为、高通一类提供专利使用权的5G先驱企业，将因此而获得不菲的专利收入。

根据 IPlytics 的数据来看，与 4G 时代相比，未来中国在 5G 市场中的标准必要专利申请率将有大幅度提升。这也意味着，就算有人阻挠，中国依然将获得全球 5G 专利收入的 1/3。

随着信息产业在国民经济中的贡献比例不断扩大，更出色的通信环境就代表了更好的生产力基础。而当一个国家在无线领域失去了优势时，除可能会面临经济大萧条外，大量通信技术人员也有可能会流失到其他国家。这也正是美国在 5G 竞争中要将中国视为重要对手、处处掣肘的关键原因。

4 2019 年，中国为何提前发放 5G 牌照

其实在 2019 年以前便有专家预测，2019 年是“全球 5G 元年”。而中国原定于 2020 年商用的 5G，在 2019 年 6 月 6 日正式发放牌照，也证实了这一点。不过中国提前一年颁发 5G 牌照，是否是在反击美国 2018 年以来的种种举动？

牌照未发放时，中国政府已意识到 5G 的意义

在前文我们已经提及，在 5G 牌照发放以前，中国政府便已经将 5G 纳入国家战略。中国政府如此重视 5G，源于 5G 未来的强大潜力。

自工业出现以来，人类历史上已经历过三次工业革命，如图 8–3 所示。

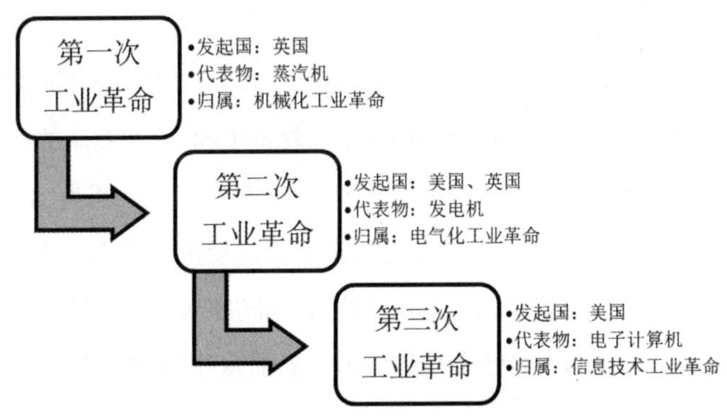

图 8–3　人类历史上所经历的三次工业革命

当下，第四次工业革命即将来袭，虽然这一次的工业革命在未来会以怎样的具体面貌展示给世人，我们还不得而知，但从眼下的人工智能、机器人、大数据等方面的发展趋势来看，不管其走势如何，5G 作为改进生产效率的关键工具，必然会对第四次工业革命产生重要影响。

中美有关 5G 的种种竞争，也正是由于 5G 在工业革命中的重要性所致的。每一次工业革命中，谁能获得技术上的优势，谁便能在未来 30~50 年甚至更长的时间内主导世界，这也是美国对中国 5G 如此忌惮的原因。信息技术工业革命后，美国早已成为全球经济霸主，美国要保住这一位置，就必须保证自己在科技上的绝对优势。

发放 5G 牌照是因为中国 5G 果实已成熟

5G 好比人体的神经网络，不管是智能制造、人工智能还是物联网，

都要依附5G的功能。我们知道，只有神经发达了，功能才会强大。作为未来经济的神经网络，5G对于国家而言，是弯道超车战略；对于个人而言，是先B后C，逐渐普及，即先从工业化开始，然后个人终端升级。可以说，5G对民众生活质量的不断提高，对国家实力和话语权都有积极意义。虽然5G有如此高的重要性，但如果设备、环境等因素跟不上，中国便不可能在2019年发放5G牌照。

早在2019年5月，中国工信部就已表示，我国5G产品日渐成熟，系统、芯片、终端等环节已基本达到商用水平，具备了5G全面商用的条件。

如图8-4所示，我国有关5G商用的三大阶段皆已圆满结束，甚至已发展得超出预期。在5G已成为未来国家发展的重要助推力这一大前提下，中国为了尽早聚集相关的产业资源，推进产业化进程和网络建设，抢占5G的市场空间，自然会顺势而为，提前发放5G牌照。

第一阶段：5G技术和标准方面

- 以华为、中兴为代表的中国通信企业的发明专利授权量早已在全球前列

第二阶段：部署方面

- 中国多个城市已完成5G初步部署

第三阶段：实践方面

- 相关5G商用测试已完成

图8-4　中国已具备5G全面商用的条件

发放5G牌照是为华为与中兴助力

2018年4月16日，美国全面制裁中兴；2019年，华为成为美国的攻击目标。自此，全球范围内最可用的两大通信设备生产商都被美国政府抵制，这使美国电信运营在5G方面早已失去了议价优势。后续哪怕

与其他厂商签约，美国通信业的建网成本也很难降低了。这种“杀敌一千、自伤八百”的做法，不过是直接表明了美国的忌惮：畏惧未来中国在 5G 方面冲击美国通信的霸主地位。

但得益于中国设备商提供的较低成本，亚洲、欧洲、非洲、澳洲都已被纳入华为、中兴的全球 5G 部署范围。未来全球将有数十亿人用上来自中国的 5G 通信基础设备。

在美国发起贸易战的当下，中国全面提速 5G 发展，提前发放 5G 商用牌照，加速形成 5G 完整产业链，不仅能够有效制止美国抬高全球 5G 技术成本，力压美国 5G，打造世界领先，同时还可以给华为、中兴以强大的信心。中国拥有世界上最大的移动通信市场，5G 商用必定在 2019 年内，给华为、中兴等企业带来数百亿元的直接投资，缓解其在产业链上的巨大压力，让特朗普“封杀”华为的行为无法得逞。

可以说，5G 牌照的提前发放，是国家层面上的表态，中国不仅全力支持华为、中兴等科技公司，同样欢迎国外 5G 厂商到中国投资。作为一个负责任的经济大国，中国的表态与实力，无疑将影响全球范围内的通信方式与商业模式，同时更给全球 5G 经济带来巨大信心。

当然，我们也必须意识到，现在就下“中国必然是5G时代的主导者”这样的定论未免为时过早。相比 3G 的跟跑、4G 的突破，在 5G 技术方面，我们眼下并非遥遥领先，只能算是与欧美等西方科技强国站在了同一起跑线上——逐鹿 5G，中国还有很长的路要走。

5 韩国的“最早”与日本的“绕道”

分别占据全球经济第一、第二两大排位的美国与中国已在 5G 上争得不可开交，其他国家的电信与电信运营商也正在加紧部署 5G 移动通信网络。

韩国：最早，但绝非“最好”

韩国早已摘得“世界上最早开通 5G 商用服务”这一头衔，且全球管理咨询公司亚瑟·D·利特尔在 2019 年 4 月公布的数据显示，韩国在 5G 国家领导力指数方面明显处于领先地位，先于美国、中国等国家，但韩国国内的 5G 发展依然存在较大争议。

2019 年 4 月 8 日，韩国总统文在寅亲自参加了“韩国 5G 技术音乐会”。也正是在这场庆祝“韩国 5G 全球第一”的音乐会上，韩国政府表示，未来韩国将通过培育 5G 行业，在 2026 年实现 180 万亿韩元产值、730 亿美元出口，并创造 60 万个就业岗位。

同时韩国政府还宣布，到 2022 年，政府将与民间合作投入 30 万亿韩元以上的资金，在韩国全国构建 5G 通信网络，通过 5G 实现创新增长。

虽然韩国摘得了“第一个开通 5G 商用”的桂冠，可是最早的未必是最好的，这源于 3 个原因。

韩国国内基站太少

韩国国内 5G 基站数量太少，消费者花了钱以后，并不能享受到快速稳定的网络连接服务，对此评价自然不高。

5G 仅限于大城市圈使用

韩国的 5G 通信设备仅集中在首都圈与大都市，大部分城市根本无法享受到相关服务。而且 5G 信号只出现在基站附近约 1000 米的范围内，超出了这一范围，5G 信号便会自动转为 4G 信号，甚至是 4G 弱信号。但为了声誉，通信公司并未完全公开地显示服务覆盖地区的“覆盖地图”，人为地限制了消费者的选择权。

此外，在 VR 与 AR 等能够让消费者直接体会到 5G 优势的核心内容领域，韩国并无杰出之处。再加上 5G 与自动驾驶、远程医疗等垂直领域的结合也不明显，韩国 5G 的“最早”离“最优”还有很长一段距离要走。

日本：让步 5G，绕道 6G

与中国、韩国这两个亚洲国家对 5G 表现出来的热情态度不同，日本对 5G 始终保持了冷静甚至是淡漠的态度。

日本侧重于打基础

2019 年 4 月，日本总务大臣石田真敏曾公开表示，日本并非未在部署 5G，但与各类第一、头部位置的争夺相比，日本更愿意夯实 5G 基础。

石田真敏的态度其实就表明了日本政府对于 5G 的态度，因为日本通信事业是由总务省主管的。该部门曾经在 2018 年年底推出过一部有关 5G 社会的视频，该视频中展示了日本在 5G 方面的意愿：5G 应惠及全民，而不应加剧大城市与小城市之间的通信服务不公等，如图 8–5 所示。

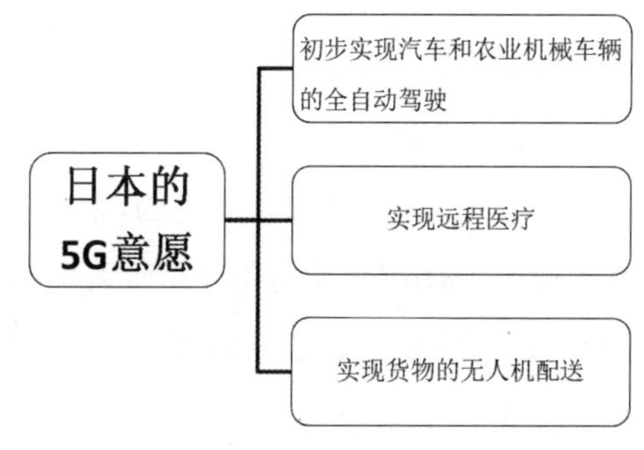

图 8–5　日本 5G 三大意愿

因此，在全国接受 5G 信号的基础设施尚未完全完善的情况下，日本并不会推进全面的 5G 商业化运营。

推出 5G 是为了解决老龄化问题

2019 年年初展示的统计数字显示，目前日本人口总数为 1.27 亿，其中 25% 以上是 65 岁以上的老年人，特别是日本山区、农村与海岛上的年轻人大多前往东京、大阪一类的大城市谋生。

日本当前的社会状态是，出生率连年低迷，年轻人生育意愿不断下降，未来若这种情况得不到改善，那么留守的老年人将无以为生。在人力匮乏的情况下，日本农业、工业等方面也会面临极大考验。

在老龄化如此严重的情况下，日本政府认为，5G 技术是解决这一问题的有效途径。日本政府认为，若日本国内全面建成5G社会，那么高速通信技术将发挥如下作用。

（1）远程医疗尤其是远程手术将得到实现，这样就可以解决山区、偏远农村、海岛上的老年人看病难的问题。

（2）无人机配送服务的实现，可以解决偏远地区和海岛送货难问题。

（3）在农村劳动力人口急剧减少和农民老龄化的背景下，5G可以帮助实现耕种机、插秧机、收割机等农业机械车辆的无人驾驶操作，这将缓解农村劳动力短缺的问题。

由此可以看得出，上述每一步的彻底实现都有极高难度。但在国内劳动力青黄不接的现实打击下，日本也只能先一步推动5G技术发展了。

计划弯道超车

目前，为了实现日本列岛5G信号的全覆盖，日本NTT DOCOMO、软银通信、KDDI三大电信公司所采取的战略是“4G+”，即抛弃全面新建5G设施系统，在现有4G通信设备的基础上做出适当的提升，使4G信号具备5G强度。

之所以采用这种模式，节约投资是一方面的原因，另一方面是因为日本在通信领域有自己的战略。早在2018年开始，日本国立通信技术研究机构与NTT DOCOMO、NEC公司等已经组成了研究团队，正式启动了6G技术的研发。

日本绕开5G，准备向6G进军其实算是深谋远虑。第一，日本在5G技术领域的发展早已远远落后于中国、美国，后期再怎么赶超也没有用，反而不如直接放下虚荣，留着资本，采取“拿来主义”。第二，日本汽车工业一向发达，这也使日本人在汽车领域的研究一直遥遥领先，也正是因为自身对驾驶技术有着足够的了解，日本汽车研究人员认为，5G技术并不足以支撑全自动驾驶领域，只有6G+才有机会。

不过，考虑到日本东京将要举办第 32 届夏季奥运会，因此，日本政府计划从 2020 年开始在东京首都圈推出 5G 信号，以便为参赛选手、赛事转播提供更方便的通信手段。

6 抢滩 5G 市场，走在前列的其他国家

“落后”早已成为欧洲 5G 发展的基调。虽然欧盟一直试图向世人描述自身在 5G 领域的竞争力有多强，但实际上，监管严格、频谱资源匮乏、基站设备少……这些早在 4G 时代已经拉慢欧盟各国通信网络发展速度的问题，未来还将影响它们在 5G 时代的研究开发与商业化布局。

收入与投入不成正比，欧洲电信行业整体积重难返

因为有诺基亚、爱立信两大通信巨头，所以欧洲曾经在手机技术上遥遥领先。但是，4G 时代欧洲电信业却出现了不少拖后腿的因素。

我们之前已经反复强调过，运营商之所以愿意支出高昂成本，是为了后续能够换回更大的收益。但是欧洲电信却面临着另一个窘境：支出多，收入少。

著名咨询公司麦肯锡的报告指出，从 4G 时代的 2008—2011 年间，欧洲运营商的人均固定网络服务收入在以平均 3% 的年速率降低，人均移动网络服务收入的平均年降速则为 8%。截至 2011 年，欧洲的这两个收入值都远远低于美国。

欧洲电信行业的市值整体下降，也印证了欧洲运营商长久以来的困境。在彭博数据中，2012—2018 年间，欧洲电信行业的市值从 2340 亿美元直降至 1330 亿美元，几乎拦腰截断。对比同期，美国电信行业的市值增长了 71%，达到了 5320 亿美元；亚洲电信行业的市值增长了 13%，达到了 5610 亿美元。

再加上欧洲委员会委员安德鲁斯·安西普先生曾经指出，要实现

2020年时，欧盟每个成员国至少有一个主要城市实现完全5G网络，需要高达5000亿欧元的投资。在盈利不佳、投入巨大的情况下，欧洲运营商在4G网络基础设施上的投入动力就不强，更妄论前景并不明朗的5G网络建设了。

欧盟政府态度保守

欧盟政府对于5G的保守态度，是阻碍其成员国发展5G的重要原因。

其实在2018年10月召开的“2018年ENTO峰会”上，欧洲前8大电信运营商的CEO便联合发布声明，表示他们都希望加快5G商用部署，呼吁政府在放松贸易壁垒的同时，制定新的产业政策来支持电信行业的发展，以帮助运营商降低成本。

但是2019年3月，欧盟公布了一项应对5G安全风险的共同计划。在这一计划中提议，各成员国将有3个月时间实施国家风险评估，在之后的15个月里协商制定一套泛欧盟标准，以应对新的5G移动网络带来的潜在安全风险。在这个过程中，要考虑“与供应商或运营商的行为有关的风险，包括来自第三国的供应商或运营商”。

可这一举措与欧盟的另一目标“成为5G领导者”其实是自相矛盾的。换言之，欧盟政府非但未与欧洲各大运营商协同并进，反而在一定程度上阻碍了后者的发展。

先行再说

事实上并非所有的欧盟成员国都在等待5G标准的出台，也有一些国家正在大力推动国内的5G发展。

德国：致力成为5G网络及应用的领导国家

早在2017年7月，德国联邦交通和数字基础设施部便联合发布了《德国5G战略》报告。该战略报告言明了德国的5G发展目标：成为5G网络及应用的领导国家。

值得一提的是，由于自身在数字领域的自主权不足（比如，大数据存储信息细节方面，德国受制于亚马逊、Google 或微软等互联网大企业），5G 研发规模化不够，因此德国只能依靠海外的企业分一杯羹。而华为恰恰是德国 5G 化进程中的重要合作伙伴：2008—2018 年，华为在德国的营业额平均每年增长 26%；2018 年的营业额近 27 亿欧元。

截至到 2018 年年底，华为已经为德国创造了 3 万多个就业机会，与德国各个机构的合作非常紧密。

奥地利：2025 年实现全国 5G 覆盖

奥地利政府对国内运营商提出下列要求：

2021 年之前，在首都维也纳实现 5G 全覆盖；

2025 年之前，在全国实现 5G 信号全覆盖。

为了推进全国 5G 化进程，奥地利采取了三大激励举措：简化 5G 频段拍卖政策，建立基金降低运营商的资金压力，同时用 5G 牌照拍卖收益建立“带宽基金”，将牌照收益以补贴的形式返还给运营商。

瑞典：2020 年年底在国内大规模实现 5G 商用

2018 年 9 月，全球第一个 5G 电话在瑞典电信设备巨头爱立信的希斯塔实验室诞生。同年 12 月，瑞典电信监管机构宣布完成首轮 5G 700M 频谱拍卖，随后，爱立信和泛欧电信公司特利亚共同启动了 5G 网络——这是瑞典首个采用标准技术的 5G 网络。

在应用场景上，2019 年 3 月，爱立信、沃尔沃建筑设备和通信公司 Telia 三大企业联合宣布，合作运营瑞典首个用于工业的 5G 网络。

正是因为国内有爱立信的存在，哪怕欧盟对 5G 持保守态度，瑞典政府依然对 5G 赋予明确目标：在 2020 年年底之前，在其国内大规模提供 5G 信号。

芬兰：2018 年已实现 5G 商用

由于芬兰的无线网络技术覆盖率高，使用量很大，再加上本身就拥有诺基亚这样的老牌巨头。因此，芬兰是最早推广 5G 网络的国家之一。

2015 年 2 月，芬兰国家技术研究中心（VTT）就与芬兰奥卢大学宣布，双方将联合在荷兰建立第一个 5G 试验网。

2018 年 10 月，芬兰通信管理局宣布已完成 3410MHz~3800MHz 波段的 5G 频谱拍卖工作，其国内的三家运营商 Telia、Elisa、DNA 分别获得了牌照。

2018 年 12 月，芬兰运营商 Elisa 正式宣布商用 5G 网络，并且推出了全球首个 5G 移动套餐。

2019 年 3 月，Telia 宣布将通过诺基亚的 FastMile 技术在芬兰推出 5G 固定无线接入服务。

挪威

挪威的两大移动运营商 Telenor 和 Teliawent 都已经开通了 5G 试点网络。2018 年 11 月，Telenor 在康斯伯格市推出了无线网络服务，而 Teliawent 则于同年 12 月中旬在奥斯陆的挪威总部周围建立了两个基站。

Telia Norway 的 CEO 亚伯拉罕 · 福斯先生表示，他们正在从客户的角度开始 5G 开发，首先探索用例和服务场景，并以此为基础开发技术。

英国

英国是全球首个对 5G 频谱进行拍卖的国家，早在 2018 年 4 月，英国便已完成了首轮拍卖。

同年 10 月，英国运营商沃达丰宣布，首次在曼彻斯特启用完整的 5G 网络，并计划在 2020 年建立、运行 1000 个 5G 基站。

由上述内容可以看出，以欧盟各国为主的欧洲 5G 的发展主要靠私企与电信运营商在推进。但是，要加快 5G 进程，欧洲的政策制定者必须重视起来，从政策开始，促进资源、资金等向 5G 相关行业倾斜。若不这样做，在未来 5G 战队中，欧洲各国必然排在后列。